工业和信息化普通高等教育"十二五"规划教材立项项目

21 世纪高等学校计算机规划教材

21st Century University Planned Textbooks of Computer Science

计算机信息技术基础实验与习题

U0650763

Experiments on Fundamentals of Computer Information Technology

李永杰 刘霞 主编

吕晓 郭晖 黄颖 副主编

张志祥 主审

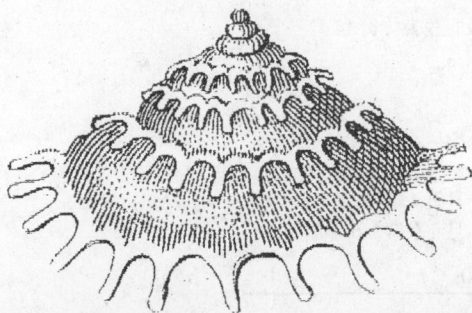

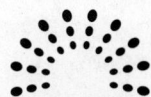

高校系列

人民邮电出版社

北 京

图书在版编目（CIP）数据

　　计算机信息技术基础实验与习题 / 李永杰，刘霞主编. -- 北京：人民邮电出版社，2012.10
　　21世纪高等学校计算机规划教材
　　ISBN 978-7-115-29195-0

　　Ⅰ. ①计… Ⅱ. ①李… ②刘… Ⅲ. ①电子计算机－高等学校－教学参考资料 Ⅳ. ①TP3

　　中国版本图书馆CIP数据核字(2012)第214782号

内 容 提 要

　　本书是《计算机信息技术基础》教材的配套实验教材，全书按照教材的知识结构来组织和设计实验内容。

　　全书共分为 11 章，每章按照内容提要、实验和习题的结构来编排内容，除第 1 章和第 2 章外，其余各章都安排了相应的实验，以培养学生的信息技术应用能力。其中，Windows XP 实验 2 个，程序设计方法实验 1 个，办公自动化实验 11 个，Access 实验 2 个，多媒体技术实验 4 个，计算机网络实验 2 个，网页设计实验 1 个，信息检索实验 1 个，信息安全实验 1 个。同时，教材各章均安排了相应的练习题供学生进行自我能力测试。

　　本书可以作为独立的实训课程教材，也可以作为学生自学的参考教材。

21 世纪高等学校计算机规划教材
计算机信息技术基础实验与习题

　　◆　主　　编　李永杰　刘　霞

　　　　副主编　吕　晓　郭　晖　黄　颖

　　　　主　　审　张志祥

　　　　责任编辑　韩旭光

　　◆　人民邮电出版社出版发行　　北京市崇文区夕照寺街 14 号
　　　　邮编　100061　　电子邮件　315@ptpress.com.cn
　　　　网址　http://www.ptpress.com.cn
　　　　北京艺辉印刷有限公司印刷

　　◆　开本：787×1092　1/16
　　　　印张：10.25　　　　　　　　　　2012 年 10 月第 1 版
　　　　字数：250 千字　　　　　　　　2012 年 10 月北京第 1 次印刷

ISBN 978-7-115-29195-0
定价：24.00 元

读者服务热线：(010)67132746　印装质量热线：(010)67129223
反盗版热线：(010)67171154

本书编写委员会

郭福亮　张志祥　李永杰　刘　霞　马良荔

李　娟　崔良中　郭　晖　吕　晓　黄　颖

徐兴华　陈修亮　吴清怡

前　言

　　本书是《计算机信息技术基础》教材的配套实验教材，用于指导学生实验教学，也可以作为学生自学的参考教材。任何理论的掌握和技能的取得都离不开相应的实践活动，正是基于这种认知理论，我们组织编写了这本《计算机信息技术基础实验与习题》，本书从培养读者扎实的理论基础和提高读者的实际操作能力入手来组织内容，以满足实际的教学需要。

　　全书共分为 11 章，每章按照内容提要、实验和习题的结构来编排内容，除第 1 和第 2 章外，其余各章都安排了相应的实验，以培养学生的信息技术应用能力。其中 Windows XP 实验 2 个，程序设计方法实验 1 个，办公自动化实验 11 个，Access 实验 2 个，多媒体技术实验 4 个，计算机网络实验 2 个，网页设计实验 1 个，信息检索实验 1 个，信息安全实验 1 个。同时教材各章均安排了相应的练习题供学生进行自我能力测试。

　　书中的每个实验都与教材内容相对应，达到巩固理论教学、强化操作技能的目的。实验中给出了翔实的步骤，以满足初学者的需求。这些步骤实验均是典型的操作，完成实验的方法很多，关键是要实验操作者抓住重点，举一反三，开拓思路，提高分析问题、解决问题的能力。

　　习题将《计算机信息技术基础》教材中的主要知识点以选择、问答等形式组织起来，并结合计算机等级考试一级的考试大纲等进行问题的设置，旨在使读者能够灵活掌握所学知识，取得预期的教学效果。

　　本书由李永杰与刘霞主编，张志祥主审，副主编吕晓、郭晖、黄颖参与了内容的制定和统稿的全过程，并分别负责其中部分章节的编写工作，李娟、崔良中、徐兴华、陈修亮和吴清怡承担了部分章节的编写与校对工作。

　　由于作者的知识有限，加之时间仓促，书中难免有不足和疏漏之处，恳请广大读者批评指正。

编　者
2012 年 6 月于武汉

目 录

第1章
信息技术基础知识

1.1　内　容　提　要

　　本章学习信息的基本概念、特点和分类；学习信息技术的概念、发展应用和发展趋势；了解信息化、信息社会、信息高速公路的概念以及我国信息化建设；了解信息化战争的概念、信息技术在信息化战争中的应用，以及军队信息化建设和信息化战争对军事人才的要求。

1.2　练　习　题

一、选择题

1. 下列不属于信息的是_____。
   　A）报纸上的新闻　　　　　　　　B）书本上的知识
   　C）存有程序的软盘　　　　　　　D）电视里播放的足球比赛实况
2. 常见的信息表达方式有文字、图形、图像、_____等几种。
   　A）声音　　　　　B）Word 文档　　　　C）网页　　　　D）Excel 文件
3. IT 通常指_____。
   　A）Internet Technology　　　　　　B）Information Technology
   　C）Inter Teacher　　　　　　　　　D）In Technology
4. 信息技术的发展趋势包括高速大容量、综合集成、网络化和_____。
   　A）个人化　　　　B）小型化　　　　C）智能化　　　　D）无纸化
5. 下列有关信息的描述，正确的是_____。
   　A）只有以书本的形式才能长期保存信息
   　B）数字信号比模拟信号易受干扰而导致失真
   　C）计算机以数字化的方式对各种信息进行处理
   　D）信息的数字化技术已逐步被模拟化技术所取代
6. 下列有关信息的描述，不正确的是_____。
   　A）微电子技术是现代信息技术的基石

1

B）信息是一成不变的东西，如春天的草地是绿色的

C）信息是一种资源，具有一定的使用价值

D）信息的传递不受时空的限制

7. 第二次信息革命的标志是_____。

A）文字的发明
B）电报、电话的发明使用

C）语言的产生
D）造纸术、印刷术的发明和使用

8. "你有一种思想，我有一种思想，彼此交换我们的思想我们就有了两种思想，甚至更多"，这句话表达了信息的一个非常基本的特点_____。

A）载体的依附性　　B）价值性　　C）时效性　　D）共享性

9. 你的好友要过生日，发给你一封电子邮件，邀请你参加其生日晚会，但你因为学习比较忙，你最近没有去上网，当你看到这封电子邮件的时候，聚会的日期已经过了。这件事情说明了信息的_____。

A）共享性　　　　B）时效性　　　C）载体的依附性　　　D）可压缩性

10. 从信息的一般特征来说，以下说法不正确的是_____。

A）信息不能独立存在，需要依附于一定的载体

B）信息可以转换成不同的载体形式而被存储和传播

C）信息可以被多个信息的接收者接收并多次使用

D）同一个信息不可以依附于不同的载体

11. 宝马汽车公司为了完成汽车的安全气囊的安全性的测试，用计算机制作汽车碰撞的全过程，结果"驾驶员"头破血流，这里使用了计算机技术中的_____。

A）虚拟现实技术　　B）语音技术　　C）智能代理技术　　D）微电子技术

12. 我们可以通过计算机来浏览网页、查询资料，这是利用了计算机的_____。

A）传媒技术
B）人工自动控制技术

C）人工智能技术
D）微电子技术

二、问答题

1. 数据、消息、信号与信息的区别有哪些？

2. 信息的特点与分类是什么？

3. 什么是信息技术？

4. 信息技术在现代战争中的主要应用包括哪些？

5. 信息化战争对军事人才素质的要求有哪些？

6. 结合身边的实例，说明信息技术给社会带来的重大变革是什么？

第2章
信息的表示与存储

2.1 内 容 提 要

本章学习数制的相关概念，不同进制数之间的转换方法、数值型数据和非数值型数据在计算机内的表示与存储，以及多媒体信息在计算机内的表示形式。

2.2 练 习 题

一、选择题

1. 十进制数 221 用二进制数表示是_____。
   A）1100001　　　B）11011101　　　C）0011001　　　D）1001011

2. 下列 4 个无符号十进制整数中，能用 8 个二进制位表示的是_____。
   A）257　　　　　B）201　　　　　C）313　　　　　D）296

3. 计算机内部采用的数制是_____。
   A）十进制　　　B）二进制　　　C）八进制　　　D）十六进制

4. 二进制数 1111101011011 转换成十六进制数是_____。
   A）1F5B　　　　B）D7SD　　　　C）2FH3　　　　D）2AFH

5. 十六进制数 CDH 对应的十进制数是_____。
   A）204　　　　　B）205　　　　　C）206　　　　　D）203

6. 下列 4 种不同数制表示的数中，数值最小的一个是_____。
   A）八进制数 247　　　　　　　　B）十进制数 169
   C）十六进制数 A6　　　　　　　 D）二进制数 10101000

7. 微机中 1KB 表示的二进制位数是_____。
   A）1000　　　　B）8×1000　　　C）1024　　　D）8×1024

8. 与十进制数 254 等值的二进制数是_____。
   A）11111110　　 B）11101111　　 C）11111011　　 D）11101110

9. 十六进制数 1AB 对应的十进制数是_____。

A）112　　　　　　B）427　　　　　　C）564　　　　　　D）273

10. 十进制数 215 用二进制数表示是_____。

A）1100001　　　B）1101001　　　C）0011001　　　D）11010111

11. 十六进制数 34B 对应的十进制数是_____。

A）1234　　　　　B）843　　　　　　C）768　　　　　　D）333

12. 二进制数 0111110 转换成十六进制数是_____。

A）3F　　　　　　B）DD　　　　　　C）4A　　　　　　D）3E

13. 计算机内部采用二进制表示数据信息，二进制主要优点是_____。

A）容易实现　　　B）方便记忆　　　C）书写简单　　　D）符合使用的习惯

14. 有一个数是 123，它与十六进制数 53 相等，那么该数值是_____。

A）八进制数　　　B）十进制数　　　C）五进制　　　　D）二进制数

15. 下列 4 种不同数制表示的数中，数值最大的一个是_____。

A）八进制数 227　　　　　　　　　　B）十进制数 789

C）十六进制数 1FF　　　　　　　　　D）二进制数 1010001

16. 下列字符中，其 ASCII 码值最大的是_____。

A）NUL　　　　　B）B　　　　　　　C）g　　　　　　　D）p

17. ASCII 码分为_____。

A）高位码和低位码　　　　　　　　　B）专用码和通用码

C）7 位码和 8 位码　　　　　　　　　D）以上都不是

18. 7 位 ASCII 码共有多少个不同的编码值_____？

A）126　　　　　　B）124　　　　　　C）127　　　　　　D）128

19. 下列字符中，其 ASCII 码值最大的是_____。

A）STX　　　　　B）8　　　　　　　C）E　　　　　　　D）a

20. 在微型计算机中，应用最普遍的字符编码是_____。

A）ASCII 码　　　B）BCD 码　　　　C）汉字编码　　　D）补码

21. 某汉字的区位码是 5448，它的国际码是_____。

A）5650H　　　　B）6364H　　　　C）3456H　　　　D）7454H

22. 某汉字的国际码是 5650H，它的机内码是_____。

A）D6D0H　　　　B）E5E0H　　　　C）E5D0H　　　　D）D5E0H

23. 汉字的字形通常分为_____两类。

A）通用型和精密型　　　　　　　　　B）通用型和专用型

C）精密型和简易型　　　　　　　　　D）普通型和提高型

24. 一般情况下，外存储器中存储的信息，在断电后_____。

A）局部丢失　　　B）大部分丢失　　C）全部丢失　　　D）不会丢失

二、问答题

1. 比特的运算、存储、传输分别是怎样定义的？

2. 计算机常用的计数制有哪几种？不同进制之间的转换原则是什么？

3. 数值在计算机中的表示形式有几种？转换原则是什么？

4. 文字信息在计算机中的表示形式？

5. 什么是计算机的原码、反码和补码？

第3章
信息处理工具——计算机系统

3.1 内 容 提 要

    本章学习计算机的发展历程，以及根据不同的标准对计算机进行不同的分类，并且根据计算机技术的发展和社会的不同需求总结了当前计算机的发展趋势；了解计算机系统的组成、基本工作原理、微型计算机的组成，以及计算机的主要技术指标和性能评价；掌握计算机硬件系统、软件系统的基本概念；熟悉微型计算机的组成部件；熟悉 Windows XP 的基本操作。

3.2 实 验 内 容

实验 1　Windows 基本操作

1. 实验目的

（1）掌握 Windows 的启动与退出。

（2）掌握桌面图标及任务栏的基本操作。

（3）掌握窗口和菜单的基本操作。

（4）了解 Windows 联机帮助系统的使用。

（5）掌握资源管理器的启动和使用。

（6）了解资源管理器的组成。

（7）掌握对象的创建、选择、复制、移动、删除、重命名、还原等操作。

（8）掌握剪贴板和回收站的使用方法。

（9）掌握搜索指定文件或文件夹的基本方法。

（10）了解控制面板的组成。

（11）用控制面板对系统进行设置。

（12）掌握显示属性及日期和时间的设置。

（13）掌握用户的管理与设置。

2．实验内容

（1）Windows XP 的启动

启动已安装好 Windows XP 操作系统的计算机，系统在引导界面下进行自检，自检结束后，出现 Windows XP 的登录界面，如图 3.1 所示。

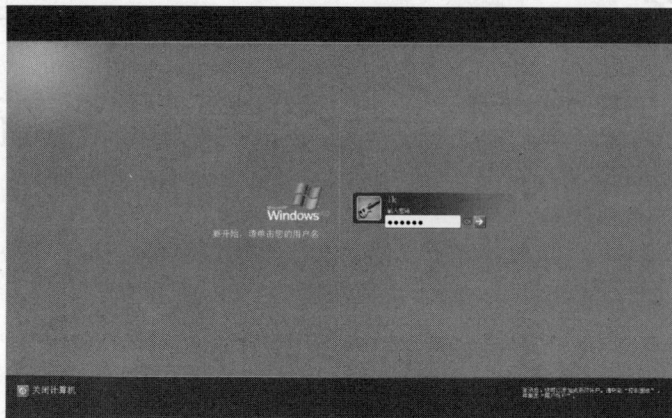

图 3.1　登录界面

成功登录后，进入 Windows 操作系统，计算机将显示如图 3.2 所示的桌面，可观察桌面的组成。

图 3.2　Windows 桌面

（2）Windows XP 的退出

退出就是关闭系统中所有正在运行的应用程序，然后单击"开始"按钮，在"开始"菜单中选择"关闭计算机"命令，在系统弹出"关闭计算机"对话框后，根据需要进行选择，如图 3.3 所示。

（3）桌面的基本操作

① 桌面图标的选择

a．选择单个图标。

操作提示：将鼠标指向要选择的图标（如"我的电脑"），单击鼠标，使图标反白显示。

b．选择多个连续的图标。

操作提示：可在桌面上按住鼠标左键进行拖动，通过形成的矩形虚线框进行选择；另外，还可以使用 Shift 键进行选择。

c. 选择多个不连续的图标。

图 3.3　"关闭计算机"对话框

操作提示：按住 Ctrl 键，在桌面上单击每个欲选图标。

② 桌面图标的排列

要求：按"名称"、"大小"、"类型"、"修改时间"等不同方式排列桌面图标。

操作提示：在桌面空白处右击，弹出桌面快捷菜单，如图 3.4 所示。分别选择"排列图标"菜单下的"名称"、"大小"、"类型"、"修改时间"、"自动排列"菜单命令，观察桌面图标排列顺序的变化。

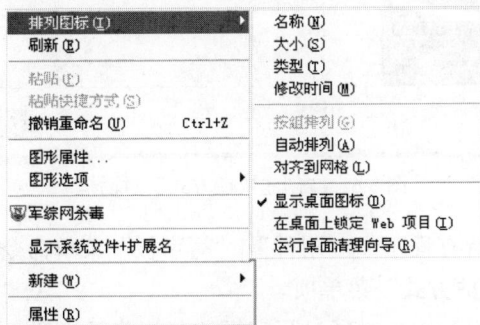

图 3.4　桌面快捷菜单

③ 桌面图标的删除

操作提示：可通过以下 3 种方法删除桌面图标。

方法 1：右击所要删除的图标，在其快捷菜单中选择"删除"命令。

方法 2：选中所要删除的图标，单击 Delete 键。

方法 3：选中所要删除的图标，将其拖至"回收站"。

④ 桌面图标的重命名

要求：将 IE 浏览器的图标名称 Internet Explorer 改为"IE 浏览器"。

操作提示：右击图标，在其"快捷菜单"中选择"重命名"命令，或在该图标上双击鼠标左键，使图标名称反白显示，删除原有名称，输入所需名称，按 Enter 键。

⑤ 在桌面上创建新文件或新文件夹

要求：在桌面上创建一个以"我的家乡"为名称的 Word 文档和一个以"常用软件"为名称

的新文件夹。

操作提示：打开桌面快捷菜单，从中选择"新建"|"Microsoft Word 文档"菜单命令，如图 3.5 所示，将新文档命名为"我的家乡"。用类似方法创建"常用软件"新文件夹。

⑥ 在桌面上创建快捷方式

要求：在桌面上创建启动"wordpad.exe"（写字板）应用程序的快捷方式，双击该快捷方式图标，打开写字板窗口。

操作提示：可通过以下 3 种方法在桌面上创建快捷方式。

方法 1：从桌面快捷菜单中选择"新建"|"快捷方式"菜

单命令，弹出"创建快捷方式"对话框，如图 3.6 所示，在该对话框中按步骤完成操作。（温馨提示：通常"写字板"应用程序的默认路径为 C:\Program Files\Windows NT\Accessories\wordpad.exe。）

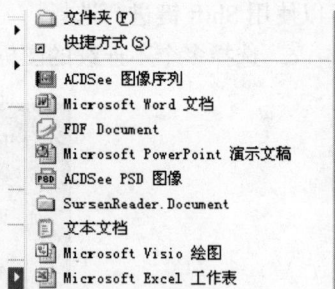

图 3.5 "新建"级联菜单

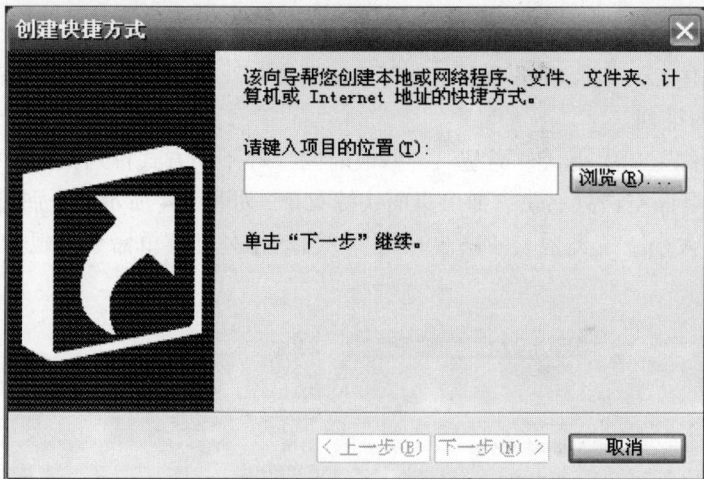

图 3.6 "创建快捷方式"对话框

方法 2：在"开始"|"所有程序"|"附件"|"写字板"菜单命令上右击，在弹出的快捷菜单中选择"放松到"|"桌面快捷方式"菜单项。

方法 3：打开"我的电脑"窗口，通过写字板的存放路径找到"wordpad.exe"文件，按住鼠标右键不放，将"wordpad.exe"应用程序拖至桌面，并在弹出的快捷菜单中选择"在当前位置创建快捷方式"命令。

⑦ 任务栏的调整与属性设置

a. 调整任务栏的宽度。

操作提示：将鼠标指针移至任务栏的上边界处，按住鼠标左键上下拖曳。

b. 调整任务栏的位置。

操作提示：将鼠标指针移至任务栏的空白处，按住鼠标左键进行拖曳。

c. 设置任务栏的属性。

要求：通过属性的设置，将任务栏设置成自动隐藏。

操作提示：在如图 3.7 所示的"任务栏"快捷菜单中选择"属性"菜单项，弹出如图 3.8 所示的"任务栏和[开始]菜单属性"对话框，选择"任务栏"选项卡，并通过选择"自动隐藏任务栏"复选项的勾选完成操作。

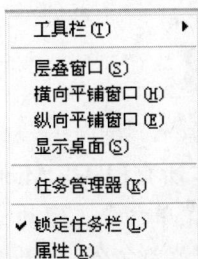

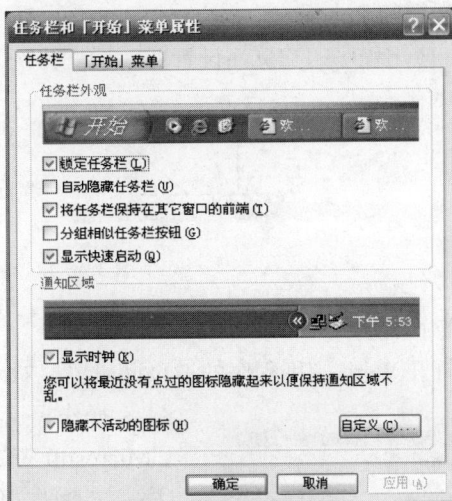

图 3.7　"任务栏"快捷菜单　　　　图 3.8　"任务栏和[开始]菜单属性"对话框

d. "快捷启动工具栏"的使用。

操作提示：单击"快速启动工具栏"上的按钮，启动 Internet Explorer 浏览器。

（4）窗口的基本操作

① 打开并排列窗口

要求：分别打开"我的电脑"和"资源管理器"窗口，按不同方式对打开的窗口进行排列。

操作提示：双击"我的电脑"图标，打开"我的电脑"窗口；选择"开始"|"所有程序"|"附件"|"Windows 资源管理器"菜单命令，打开"源管理器"窗口。然后，通过"任务栏"快捷菜单，以不同方式排列已打开的窗口（层叠、横向平铺、纵向平铺、显示桌面）。

② 切换活动窗口

要求：将"我的电脑"和"资源管理器"窗口反复切换为活动窗口。

操作提示：可通过以下 3 种方法实现窗口的相互切换。

方法 1：单击所要切换到的窗口的任意位置，使该窗口变为活动窗口。

方法 2：单击任务栏上所要切换到的窗口的任务按钮，将该窗口变为活动窗口。

方法 3：按住 Alt 键不放，然后连续单击 Tab 键，系统键在不同的任务之间进行切换。当切换到所需要的窗口时，松开 Alt 键和 Tab 键，即可将该窗口变为活动窗口。

③ 移动并调整窗口大小

要求：将"我的电脑"窗口设置为活动窗口，移动窗口位置，并适当调整窗口大小，使其出现水平和垂直方向的滚动条。

操作提示：在窗口标题栏处按下鼠标左键进行拖动，可移动窗口位置；在窗口上下左右 4 条边框及 4 个顶角处按下鼠标左键进行拖动，可调整窗口大小；当出现滚动条后，用鼠标拖动滑块，即可滚动显示窗口中的内容。

④ 最大化、最小化、还原和关闭窗口

要求：将"我的电脑"窗口最大化显示，然后还原；再将其最小化显示，然后还原；最后将其关闭。

操作提示：通过窗口标题栏右侧的窗口控制按钮，如图 3.9 所示，进行相应操作。

（5）对话框的基本操作

以 Word 应用程序的"页面设置"对话框为例，练习对话框的打开、关闭及元素设置。

最小化　　还原　　　　　　　最大化　关闭

图 3.9　窗口控制按钮

① 打开对话框

要求：打开 Word 应用程序的"页面设置"对话框。

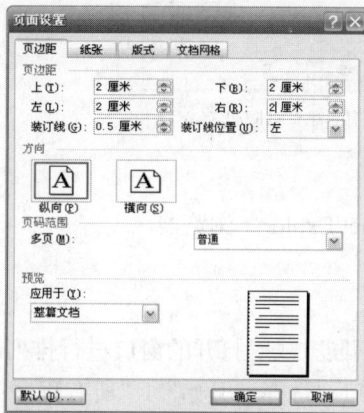

图 3.10　"页面设置"对话框

操作提示：选择"开始"|"所有程序"|Microsoft Office|"Microsoft Office Word 2003"菜单命令，启动 Word 应用程序。选择"文件"|"页面设置"菜单命令，弹出"页面设置"对话框，如图 3.10 所示。

② 设置对话框中的元素

要求：上、下、左、右页边距均设为"2 厘米"，装订线"0.5 厘米"，位于"左侧"，纸张方向为"横向"；"纸张大小"16 开；"页眉和页脚"奇偶页不同；"文字排列"方向垂直。

操作提示：在"页边距"选项卡中设置页边距、装订线、纸张方向；在"纸张"选项卡中设置纸张大小；在"版式"选项卡中设置页眉和页脚；在"文档网格"选项卡中设置文字排列方向。

③ 关闭对话框

要求：保存设置，并关闭"页面设置"对话框，观察 Word 文档变化，然后将其关闭。

操作提示：完成设置后，单击"确认"按钮或直接按 Enter 键。（温馨提示：单击"取消"按钮，或单击对话框右上角的关闭按钮，或直接按 Alt+F4 键，系统都将会在不保存新设置的情况下自动关闭对话框。）

（6）当前屏幕画面及活动窗口的截取

① 截取当前屏幕画面并保存

操作提示：在当前屏幕下按 Print Screen 键，然后选择"开始"|"所有程序"|"附件"|"画图"菜单命令，打开画图应用程序，选择"编辑"|"粘贴"菜单命令，将当前屏幕粘贴到画图软件中然后选择"文件"|"保存"菜单命令将其保存。

② 截取活动窗口并保存

要求：利用画图软件截取并保存"运行"窗口。

操作提示：选择"开始"|"运行"菜单命令。打开运行窗口，并将其设置为活动窗口，然后同时按 Alt 键和 Print Screen 键，再打开画图软件进行粘贴、保存。

（7）Windows 帮助系统的使用

① 启动 Windows XP 联机帮助系统

操作提示：打开"开始"菜单，选择"帮助和支持"菜单项，或在桌面上直接按 F1 键，打开 Windows XP 的"帮助和支持中心"窗口。

② 浏览、查找帮助信息

操作提示：打开 Windows 帮助系统后，可通过系统提供的"搜索"和"索引"两种方式查找帮助信息，具体操作过程如下。

a. 在"选择一个帮助主题"和"请求帮助"区域，直接单击任何一个选项，如"Windows XP 中的新功能"，即可在右窗口中显示相应的帮助信息，同时还可以在左窗格中做进一步选择，直到浏览到所需要的信息。

b. 在"搜索"文本框中，输入搜索关键字，如"写字板"，单击"搜索"按钮或直接按 Enter 键，在左窗格中单击一个搜索结果，即可在右窗口显示相应信息。

c. 单击工具栏上的"索引"按钮，进入"索引"窗口，在"输入要查找的关键字"文本框中输入索引关键字，如"安装打印机"，选择搜索到的主题，单击"显示"按钮，即可在右窗口中显示相关信息。

（8）Windows 资源管理器的启动

操作提示：打开资源管理器窗口，可以使用以下 3 种方法，窗口界面如图 3.11 所示。

方法 1：选择"开始"|"所有程序"|"附件"|"资源管理器"菜单命令。

方法 2：右击"开始"按钮，在打开的快捷菜单中，选择"资源管理器"命令。

方法 3：在桌面上右击"我的电脑"、"回收站"、"我的文档"等图标，在其快捷菜单中选择"资源管理器"命令。

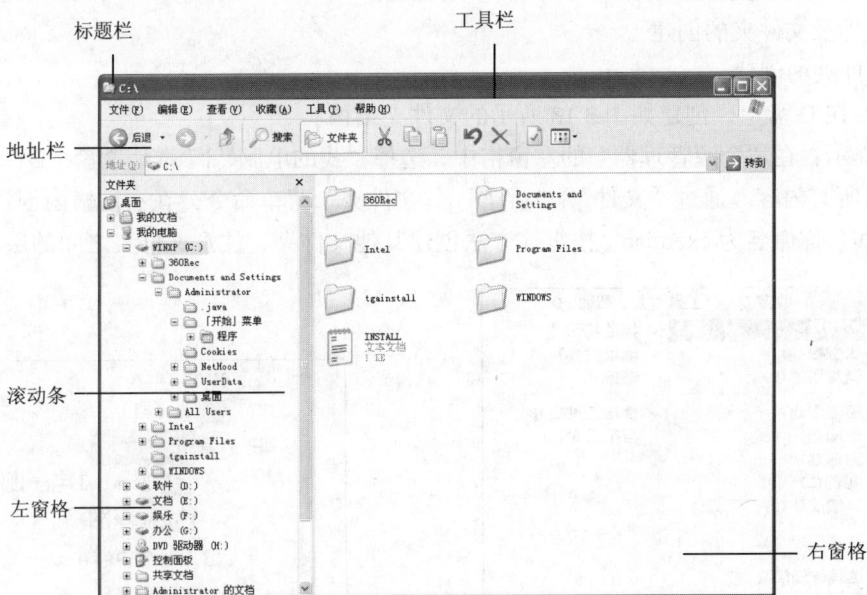

图 3.11　Window XP 资源管理器窗口

（9）资源管理器窗口的基本操作

① 资源管理器窗口的设置

要求：在打开的资源管理器窗口中隐藏暂时不用的工具栏，并适当调整左、右窗格的大小。

操作提示：在资源管理器窗口中，通过选择"查看"|"工具栏"菜单命令查看暂时不用的工具栏。菜单项前带有"√"标记，表示该菜单处于显示状态，单击该项，取消标记，即可隐藏该工具栏，如图 3.12 所示。左右窗格大小的调整可通过拖曳左右窗格分隔条实现。

② 信息资源的浏览

要求：浏览 C 盘下 "OFFICE11" 文件夹中的所有内容。

操作提示：在资源管理器的左窗格中，通过单击文件夹前的 "+" 号标记，按路径 C：\Program File \Microsoft Office\OFFICE11，找到 "OFFICE11" 文件夹，单击选中，在右窗格浏览其内容。

③ 设置右窗格的显示方式

要求：在右窗格中，分别以 "缩略图"、"平铺图"、"图标"、"列表"、"详细资料" 的方式显示 "OFFICE11" 文件夹中的内容。

操作提示：通过选 "查看" 菜单下的对应选项进行设置。（温馨提示：在 "详细资料" 方式下还可以通过窗格顶端的 "名称"、"大小"、"类型" 和 "修改时间" 按钮排列显示内容。）

④ 排列右窗格的显示内容

要求：分别按 "名称"、"大小"、"类型"、"修改时间" 的方式排列右窗格中的内容。

操作提示：通过选择 "查看" | "排列图标" 对应菜单命令，进行排列操作。

（10）信息资源的管理

文件及文件夹的创建、移动、复制、删除、重命名可以通过多种方法实现。Windows 具有丰富的菜单资源，特别是快捷菜单功能非常强大，通过实验举一反三，融会贯通，熟练掌握。

① 文件及文件夹的选择

操作提示：在右窗口中选择多个连续的对象时，可用 Shift 键或用鼠标拖曳形成的虚线框进行选择。选择多个不连续的对象，可按 Ctrl+A 组合键。

② 文件及文件夹的创建

a. 文件夹的创建。

要求：在 D 盘上，创建如图 3.13 所示的文件夹结构。

操作提示：在 "资源管理器" 的左窗格中，选择 "我的电脑" | "本地磁盘（D：）"，使右窗格显示 D 盘所有内容。通过 "文件" | "新建" | "文件夹" 菜单命令，在右窗格内创建一个新文件夹，并将其名称命名为 exercise。按上述方法创建其他文件夹，注意文件夹之间的层次关系。

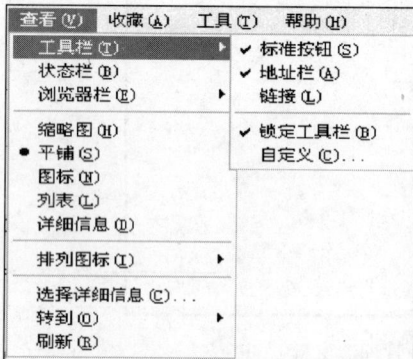

图 3.12 "查看" 菜单

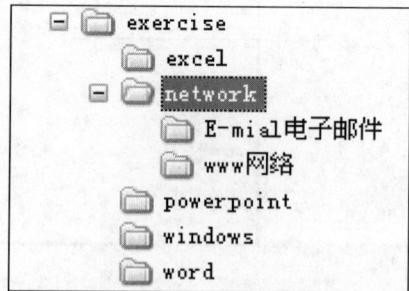

图 3.13 文件夹结构

b. 文件的创建。

要求：在上一步创建的 Word 文件夹中，新建一个空白 Word 文档，命名为 "排版操作.doc"。在 Windows 文件夹中，新建一个文本文件和一个图像文件，文件名为 "产品说明.txt" 和 "richu.bmp"。

操作提示：在右窗格对 Word 文件夹中，选择 "文件" | "新建" | "Microsoft Word 文档" 菜单命令，创建一个新文档，输入文件名 "排版操作"，并按 Enter 键确认。按上述方法，在 Windows

文件夹中创建其他两个文件。

③ 文件及文件夹的移动

要求：将"D：\windows\产品说明.txt"文本文件移动到"www 网络"文件中。

操作提示：选中文本文件，选择"编辑"|"剪贴"菜单命令或按 Ctrl+X 组合键，打开目录文件夹再选择"编辑"|"粘贴"菜单命令。

④ 文件及文件夹的复制

要求：将"D：\network"文件夹复制到"本地磁盘（C：）"中。

操作提示：选中 network 文件夹，按 Ctrl+C 组合键，打开"本地磁盘（C：）"，按 Ctrl+V 组合键。

⑤ 文件及文件夹的重命名

要求：将"D：\windows\richu.bmp"图像文件，重命名为"日出.bmp"。

操作提示：右击图像文件，从快捷菜单中选择"重命名"，输入新文件名按 Enter 键确认。

⑥ 文件及文件夹的属性设置

要求：将 Word 文档"排版操作.doc"设置为"只读"属性。将"D：\network\E_mail 电子邮件"文件夹设置为隐藏属性。

操作提示：选择对象，从快捷菜单中选择"属性"菜单项，打开"属性"对话框，查看对象的大小、位置等属性信息，设置"只读"/"隐藏"属性。

⑦ 文件及文件夹的删除

要求：将"D：www 网络\产品说明.txt"文本文件和"D：\powerpoint"文件夹删除。

操作提示：选中对象，按 Delete 键，在弹出的确认对话框中单击"是"按钮，删除对象进入回收站。

删除对象时，若使用 Shift+Delete 组合键，对象将从磁盘上永久删除，不能还原，因此使用时一定要慎重。

⑧ 回收站的基本操作

要求：将回收站中的"产品说明.txt"文件还原至原来位置，将 PowerPoint 文件夹从回收站中删除。

操作提示：打开"回收站"窗口，通过各对象的快捷键菜单进行还原/删除操作。

若要删除或还原回收站中的全部内容，可直接通过左侧任务栏中常见任务——"清空回收站"|"还原所有项目"进行操作。

（11）视图切换

Windows XP 在"控制面板"窗口中为用户提供了丰富的系统管理工具，利用这些工具可以方便地管理和维护计算机系统。在 Windows XP 系统中，控制面板有两种视图方式，分别为"经典视图"方式和"分类视图"方式，如图 3.14 和图 3.15 所示。

将"控制面板"切换到"经典视图"方式下，利用其中提供的工具，对系统进行设置和管理。

（12）显示属性的设置

双击"控制面板"中的"显示"图标，打开"显示属性"对话框，如图 3.16 所示。按要求操作，并观察效果。

① 设置桌面背景

要求：更换桌面图案，并分别以"拉伸"和"平铺"两种效果显示。

操作要求：选择"选择属性"对话框中的"桌面"选项卡，在"背景"栏和"位置"下拉列表中进行选择，单击"确定"按钮。

图 3.14　经典视图

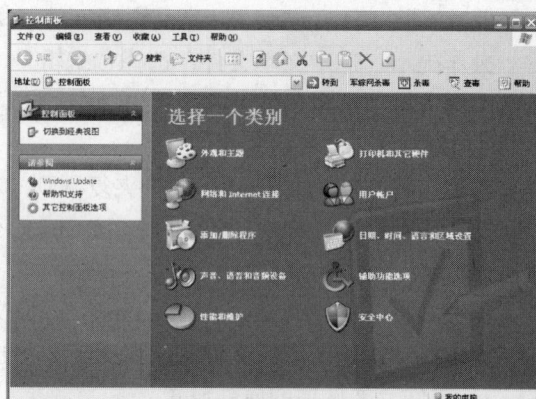

图 3.15　分类视图

提示　可通过"浏览"按钮选择本地磁盘上的其他图片文件作为背景。

图 3.16　"显示 属性"对话框

② 设置屏幕保护程序

要求：任意设置一个屏幕保护程序，"等待"时间为 1 分钟，并设置"在恢复时返回到欢迎屏幕"。

操作提示：选择"显示属性"对话框中的"屏幕保护程序"选项卡，按要求设置屏保和等待时间，并勾选"在恢复时返回到欢迎屏幕"复选项。

③ 设置外观

要求：设置外观样式，选择合适的"色彩方案"。

操作提示：选择"显示属性"对话框中的"外观"选项卡，设定"窗口和按钮"样式，选择合适的"色彩方案"。

提示　通过"高级"按钮，可设置"高级外观"样式。

④ 更改屏幕的分辨率和显示颜色

要求：将屏幕的分辨率设置为 800×600，显示颜色设置为"中（16 位）"。

操作提示：选择"显示属性"对话框中的"设置"选项卡，设置"屏幕分辨率"，选择"颜色质量"设置显示颜色。

（13）日期、时间和时区的设置

在"控制面板"中双击"日期和时间"图标，打开"日期和时间属性"对话框。

① 日期和时间的设置

要求：将当前的系统时间和日期设置为"2010 年 8 月 8 日 8：00"，并观察任务栏时钟指示区的显示变化。

操作提示："日期和时间属性"对话框的"时间和日期"选项卡。

② 时区的设置

要求：将系统的显示时区设置为"（GMT+08:00）北京，重庆，香港特别行政区，乌鲁木齐"。

操作提示："日期和时间属性"对话框→"时区"选项卡。

（14）多用户的管理与设置

在"控制面板"中双击"用户帐户"图标，打开"用户帐户"窗口，如图 3.17 所示。

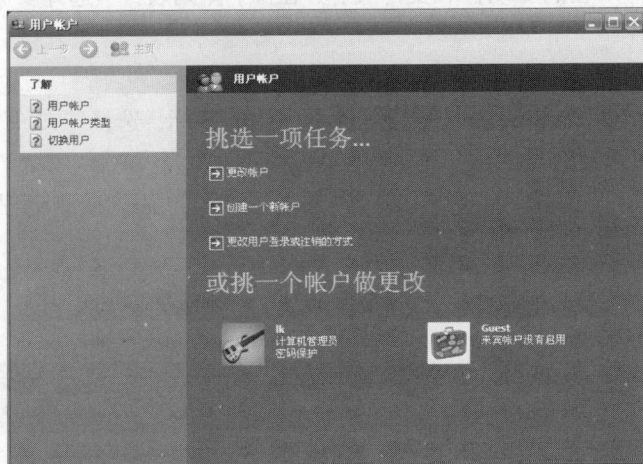

图 3.17　"用户账户"窗口

① 创建新账户

要求：创建一个名为 admin 的新账户。

操作提示：在"用户账户"窗口中单击"创建一个新用户"按钮，根据提示，输入账户名，设定账户类型，单击"创建账户"按钮。

② 设置账户密码

要求：为新账户"admin"设置密码"czxtmima"。

操作提示：在"用户账户"窗口中单击账户"admin"，打开该账户窗口，选择"创建密码按钮"，根据提示进行输入，单击"创建密码"按钮。

③ 更改账户显示图标

要求：更改新账户"admin"的显示图标。

操作提示：在"admin"的账户窗口中选择"更改图片"，在这里既可以选择系统提供的图片，也可以通过"浏览图片"选择本地磁盘中的图片，单击"更改图片"按钮。

④ 删除用户

要求：将创建的账户"admin"删除。

操作提示：在"admin"的账户窗口中选择"删除账户"，系统提示是否保留该账户的相应文件，根据情况进行选择。

（15）鼠标的设置

在"控制面板"中双击"鼠标"图标，打开"鼠标属性"对话框。

操作提示：在"鼠标键"选项卡下，可通过勾选"切换主要和次要的按钮"复选框，改变左右键的功能。通过拖动"双击速度"游标，改变鼠标双击的快慢值。

（16）字体的添加和删除

在"控制面板"中双击"字体"图标，打开"字体"窗口。

① 字体的查看

操作提示：在"字体"窗口中，双击要查看的字体图标，即可打开该字体的显示窗口。

② 字体的添加

操作提示：在"字体"窗口中，选择"文件"|"安装新字体"菜单命令，在弹出的"添加字体"对话框中选择字体所在的驱动器和文件夹，并在"字体列表"中选择要添加的字体，单击"确定"按钮。

③ 字体的删除

操作提示：在"字体"窗口中，选中要删除的字体的图标，选择"文件"|"删除"菜单命令。

（17）程序的添加和删除

在"控制面板"中双击"添加或删除程序"图标，打开"添加或删除程序"窗口，如图3.18所示。

图 3.18 "添加或删除程序"窗口

① 程序的添加

操作提示：在"添加或删除程序"窗口中，单击窗口左侧的"添加新程序"按钮，选择安装程序的来源，然后按提示进行操作。

② 程序的删除

操作提示：在"添加或删除程序"窗口中，单击窗口左侧的"更改或删除程序"按钮，在右侧的列表框中，选中要删除的程序，单击"更改/删除"按钮。

实验 2　Windows 综合实验

1. 实验目的

（1）熟练掌握 Windows XP 桌面、窗口及菜单的基本操作。

（2）进一步巩固 Windows 资源管理器的使用及系统的各项设置。

（3）将各实验内容融会贯通，为后续实验打下基础。

2. 实验内容

（1）桌面操作练习

① 在桌面上创建 Microsoft Word 应用程序的快捷方式。

② 在桌面上创建一个以你的学号为名称的文件夹。

③ 在桌面上创建一个以你的姓名为文件名的 Word 文档。

④ 将桌面上的图标按"名称"排列。

⑤ 调整"任务栏"的宽度，并将"任务栏"放至桌面的顶部。

⑥ 将"任务栏"的属性设置为"自动隐藏"。

⑦ 将显示器的分辨率设置为"1024×768"。

⑧ 将"我的电脑"图标改为其他任意图标。

（2）"开始"菜单操作练习

① 通过"开始"菜单，打开"画图"应用程序。

② 选择"开始"|"运行"菜单命令，启动 Word 应用程序（程序名为 Winword.exe）。

③ 为显示器设置"桌面背景"和"屏幕保护"程序，并使屏保的等待时间为 2 分钟。

④ 将 Windows XP 默认的"开始"菜单样式转换为"经典「开始」菜单"样式。

⑤ 将"记事本"程序添加到"开始"菜单中，并命名为"记事本"。（记事本的默认路径为"C:\WINDOWS\system32\notepad.exe"）。

⑥ 删除上步在"开始"菜单中所添加的"记事本"菜单项。

⑦ 清除"文档"菜单中所有最近访问过的文档。

⑧ 使用"搜索"命令，查找计算机中含有扩展名为.mp3 的文件。如果有，将其复制到"我的文档"中。

（3）资源管理器操作练习

① 在"本地磁盘（D：）"中创建如图 3.19 所示的文件夹结构。要求："学号"文件夹要以真实学号来命名。

② 在 user1 文件夹下创建一个名为 Mypicture.bmp 的空白图像文件。

③ 在计算机中搜索 Excellent 软件的应用程序（Excel.exe），并在 kt_Excel 文件夹下创建它的快捷方式，快捷方式的名称为 Excel-2003。

④ 将 system32（C:\WINDOWS\system32）文件夹下所有第三个字符是 L 且扩展名为.exe 的文件复制到 user2 文件夹下。

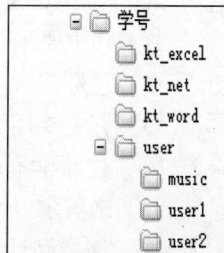

⑤ 在自己的学号文件夹范围内搜索 Mypicture.bmp 文件，并将其改

图 3.19　文件夹结构

名为"我的图画.bmp"。

⑥ 在你的学号文件夹范围内搜索 music 文件夹，并将其移动至 user1 文件夹下。

⑦ 将 user2 文件夹的属性设置为"隐藏"。

⑧ 删除 kt_word 和 kt_net 文件夹。

⑨ 还原 kt_word 文件夹后，将"回收站"清空。

（4）其他操作练习

① 利用"画图"应用程序，打开"我的图画.bmp"文件，在上面任意画幅图画，并将其以"新创.bmp"为名，另存到 user1 文件夹中。

② 搜索计算机中的.wav 文件，并用 Windows 提供的播放器进行播放。

③ 将计算机桌面以.bmp 文件格式保存到 kt_word 文件夹中，并将其命名为"抓图.tmp"。

④ 选择"开始"|"所有程序"|"附件"|"命令提示符"窗口，并将此活动窗口抓图到"画图"程序中，以 DOS.bmp 为文件名，保存到 kt_word 文件夹中。

⑤ 在 kt_word 文件夹中新建一个记事本文件 ip.txt，并在此文件中输入你所使用计算机的 IP 地址。

⑥ 利用计算器计算表达式（19+20+8－16+78）÷8 的值。进行数制转换：将十进制数 33 转换为二进制数；将八进制数 56 转换为二进制数；将十六进制数 56FB 转换为十进制数；将二进制数 11011001010 转换为十进制数。

⑦ 利用"磁盘碎片整理"程序，对 C 盘进行整理。

⑧ 利用"写字板"输入下方文字，并以"打字测试"为名，保存到 kt_word 文件夹中。

国际码中的图形符号有以下一些。

- 一般符号 202 个，间隔符、标点符号、运算符、单位符号和制表符。
- 序号 60 个，包括：1～20、（1）～（20）、①～⑩、（一）～（十）
- 数字 22 个，包括：0～9、I～XII。
- 英文字母 52 个；日文假名 169 个；希腊字母 48 个；俄文字母 66 个；汉语拼音字母 26 个；汉语注音字母 37 个。

3.3 练 习 题

一、选择题

1. 下列关于世界上第一台电子计算机 ENIAC 的叙述中，不正确的是_____。

　　A）ENIAC 是 1946 年在美国诞生的

　　B）它主要采用电子管和继电器

　　C）它是首次采用存储程序和程序控制使计算机自动工作

　　D）它主要用于弹道计算

2. 哪一位科学家奠定了现代计算机的结构理论_____。

　　A）诺贝尔　　　　　B）爱因斯坦　　　C）冯·诺依曼　　　D）居里

3. 冯·诺依曼计算机工作原理的核心是_____和"程序控制"。

　　A）顺序存储　　　　B）存储程序　　　C）集中存储　　　D）运算存储分离

4. 计算机将程序和数据同时存放在机器的_____中。
　　A）控制器　　　　　B）存储器　　　　C）输入/输出设备　D）运算器

5. 计算机被分为：大型机、中型机、小型机、微型机等类型，是根据计算机的_____来划分的。
　　A）运算速度　　　　B）体积大小　　　　C）重量　　　　　D）耗电量

6. 在计算机的众多特点中，其最主要的特点是_____。
　　A）计算速度快　　　　　　　　　B）存储程序与自动控制
　　C）应用广泛　　　　　　　　　　D）计算精度高

7. 某单位自行开发的工资管理系统，按计算机应用的类型划分，它属于_____。
　　A）科学计算　　　　B）辅助设计　　　　C）数据处理　　　　D）实时控制

8. 计算机应用最广泛的应用领域是_____。
　　A）数值计算　　　　B）数据处理　　　　C）流程控制　　　　D）人工智能

9. 微型计算机的基本构成有两个特点：一是采用微处理器，二是采用_____。
　　A）键盘和鼠标作为输入设备　　　B）显示器和打印机作为输出设备
　　C）ROM 和 RAM 作为主存储器　　D）总线系统

10. 下列有关计算机性能的描述中，不正确的是_____。
　　A）一般而言，主频越高，速度越快
　　B）内存容量越大，处理能力就越强
　　C）计算机的性能好不好，主要看主频是不是高
　　D）内存的存取周期也是计算机性能的一个指标

11. 下列关于计算机的叙述中，不正确的一条是_____。
　　A）CPU 由 ALU 和 CU 组成　　　B）内存储器分为 ROM 和 RAM
　　C）最常用的输出设备是鼠标　　　D）应用软件分为通用软件和专用软件

12. 计算机按照处理数据的形态可以分为_____。
　　A）巨型机、大型机、小型机、微型机和工作站
　　B）286 机、386 机、486 机、Pentium 机
　　C）专用计算机、通用计算机
　　D）数字计算机、模拟计算机、混合计算机

13. 硬盘工作时应特别注意避免_____。
　　A）噪声　　　　　B）震动　　　　　C）潮湿　　　　　D）日光

14. 针式打印机术语中，24 针是指_____。
　　A）24×24 点阵　　　　　　　　　B）队号线插头有 24 针
　　C）打印头内有 24×24 根针　　　　D）打印头内有 24 根针

15. 在微型计算机系统中运行某一程序时，若存储容量不够，可以通过_____来解决。
　　A）扩展内存　　　　　　　　　　B）增加硬盘容量
　　C）采用光盘　　　　　　　　　　D）采用高密度软盘

16. 在计算机中，既可作为输入设备又可作为输出设备的是_____。
　　A）显示器　　　　B）磁盘驱动器　　　C）键盘　　　　　D）图形扫描仪

17. 下列有关外存储器的描述不正确的是_____。
　　A）外存储器不能为 CPU 直接访问，必须通过内存才能为 CPU 所使用

B）外存储器既是输入设备，又是输出设备

C）外存储器中所存储的信息，断电后信息也会随之丢失

D）扇区是磁盘存储信息的最小单位

18. 运算器的组成部分不包括_____。

  A）控制线路   B）译码器   C）加法器   D）寄存器

19. 巨型机指的是_____。

  A）体积大   B）重量大   C）功能强   D）耗电量

20. 以下是冯·诺依曼体系结构计算机的基本思想之一的是_____。

  A）计算精度高   B）存储程序控制

  C）处理速度快   D）可靠性高

21. 输入/输出设备必须通过 I/O 接口电路才能连接_____。

  A）地址总线   B）数据总线   C）控制总线   D）系统总线

22. 下列关于操作系统的主要功能的描述中，不正确的是_____。

  A）处理器管理   B）作业管理   C）文件管理   D）信息管理

23. 微型机的 DOS 系统属于哪一类操作系统？_____。

  A）单用户操作系统   B）分时操作系统

  C）批处理操作系统   D）实时操作系统

24. 运算器的主要功能是_____。

  A）实现算术运算和逻辑运算   B）保存各种指令信息供系统其他部件使用

  C）分析指令并进行译码   D）按主频指标规定发出时钟脉冲

25. 断电会使存储数据丢失的存储器是_____。

  A）RAM   B）硬盘   C）ROM   D）软盘

26. Windows 操作系统是_____。

  A）单用户多任务操作系统   B）单用户单任务操作系统

  C）多用户单任务操作系统   D）多用户多任务操作系统

27. Windows 提供了一种基于_____用户界面的操作系统。

  A）图形   B）字符   C）点阵   D）复杂

28. 在 Windows 中，桌面指的是_____。

  A）窗口、图标和对话框所在的背景 B）电脑台

  C）资源管理器窗口   D）活动窗口

29. 在 Windows 系统中，_____是"开始"菜单中的内容。

  A）程序   B）文档   C）关闭系统   D）网上邻居

30. 关于"回收站"叙述正确的是_____。

  A）暂存被删除的对象

  B）用户可以自定义开始菜单

  C）清空回收站后仍可用命令方式恢复

  D）回收站的内容不占用硬盘空间

31. 若屏幕上同时显示多个窗口，可以根据窗口中_____栏的特殊颜色来判断它是否为当前活动窗口。

  A）开始   B）符号   C）状态   D）标题

32. Windows 的命令菜单中，变灰的菜单表示_____。

　　A）将弹出对话框　　　　　　　　B）该命令正在起作用

　　C）该命令的快捷键　　　　　　　D）该命令当前不能使用

33. Windows 的命令菜单中，命令名后带有省略号"…"就表示_____。

　　A）选择该菜单后将弹出对话框　　B）该命令正在起作用

　　C）该命令的快捷键　　　　　　　D）该命令当前不能使用

34. 在 Windows 中，关于对话框叙述不正确的是_____。

　　A）边框　　　　　B）标题栏　　　　C）滚动条　　　　D）控制菜单项

35. 在 Windows 中，当鼠标指针变成"I"形状，则表示_____。

　　A）当前系统正在访问磁盘　　　　B）可以改变窗口的大小

　　C）可以改变窗口的位置　　　　　D）鼠标指针出现处可以接收键盘的输入

36. Windows 采用_____结构以文件夹的形式组织和管理文件。

　　A）树形　　　　　B）网状　　　　　C）环形　　　　　D）层次

37. 如果给出的文件是*.*，其含义是_____。

　　A）磁盘上的全部文件　　　　　　B）当前盘当前文件夹中的全部文件

　　C）当前驱动器上的全部文件　　　D）根文件夹下的全部文件

二、问答题

1. 简述操作系统的主要功能。

2. Windows XP 的桌面由哪几部分组成，各有什么功能？

3. 活动窗口之间的切换有几种方法？

4. 如何截取当前屏幕画面及活动窗口？如何将其保存为图片文件？

5. "控制面板"中的工具都有哪些功能？作用是什么？

6. Windows XP 的字体安装可在哪一个文件夹下进行？如何操作？

7. 控制面板中，哪些工具用于设置多媒体设备？哪些工具用于设置网络设备？

8. 如何完成文件/文件夹的创建、复制、移动、删除、重命名、显示等操作？

第4章
程序设计方法和软件

4.1　内容提要

本章学习程序设计方法和软件，理解程序、算法和数据结构关系，了解算法的概念以及算法求解问题的步骤，掌握程序设计方法和求解问题的步骤。

4.2　实验内容

实验3　C语言简单程序设计

1. 实验目的

（1）了解面向对象程序设计的思想。

（2）使用C语言编写简单程序。

2. 实验内容

用C语言编写 1+2+3+…+100 的和。

（1）选择"开始"|"程序"|"Microsoft Visual"|"Microsoft Visual Studio 6.0"|"Microsoft Visual C++ 6.0"，如图4.1所示。

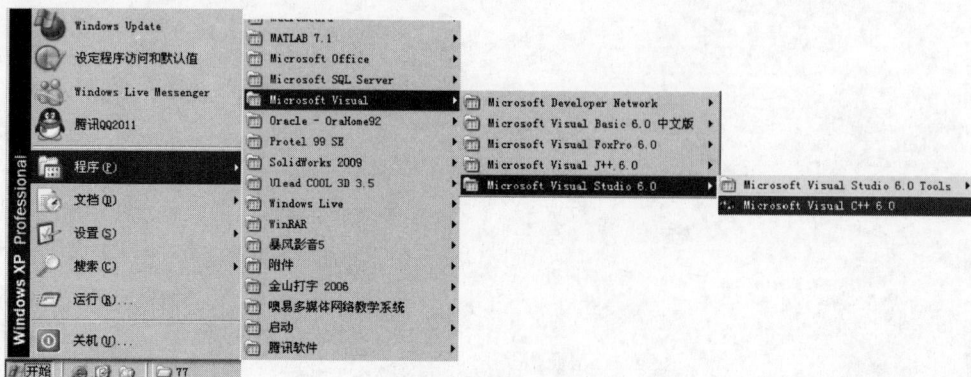

图 4.1　启动 VC++

（2）鼠标右键双击"Visual C++ 6.0"，如图 4.2 所示，选择"File"|"New"，在"File"文件框中输入 C 程序文件名 sum，在工作路径中输入文件保存的位置，这里选择 D:\程序，如图 4.3 所示。

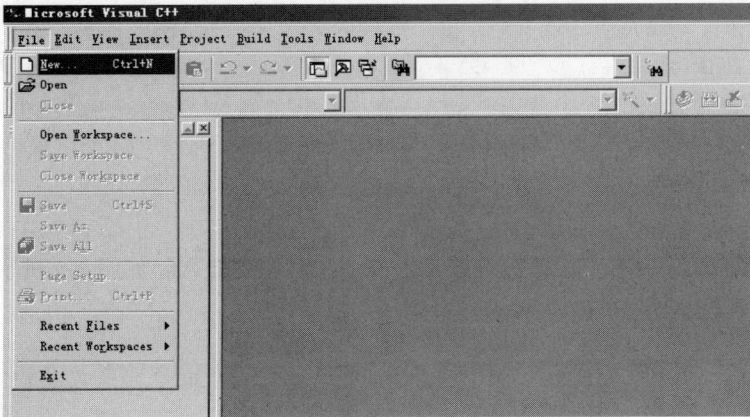

图 4.2　"打开"VC++

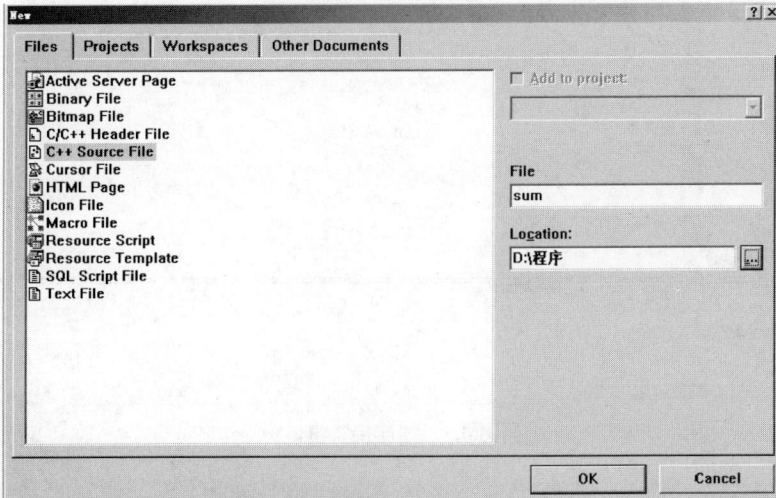

图 4.3　"新建"文件

（3）在图 4.3 所示对话框中单击"OK"按钮，进入程序的工作环境，如图 4.4 所示。

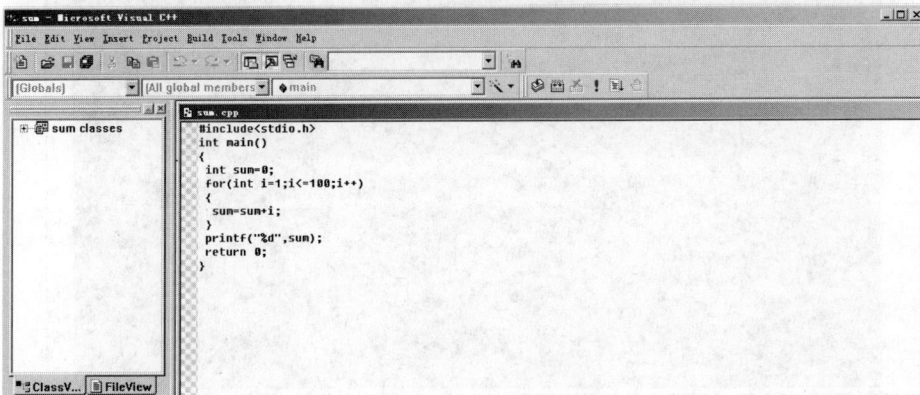

图 4.4　VC++工作环境

在编译环境中，编写 1+2+3+…+100 的源程序文件，相应的代码如下：

```c
#include<stdio.h>
int main()
{
 int sum=0;
 for(int i=1;i<=100;i++)
 {
  sum=sum+i;
 }
 printf("%d",sum);
 return 0;
}
```

（4）单击"编译"|"连接"，检查程序是否有语法和语义错误，如图 4.5 所示。单击"运行"，输出最终运算结果 5050，如图 4.6 所示。

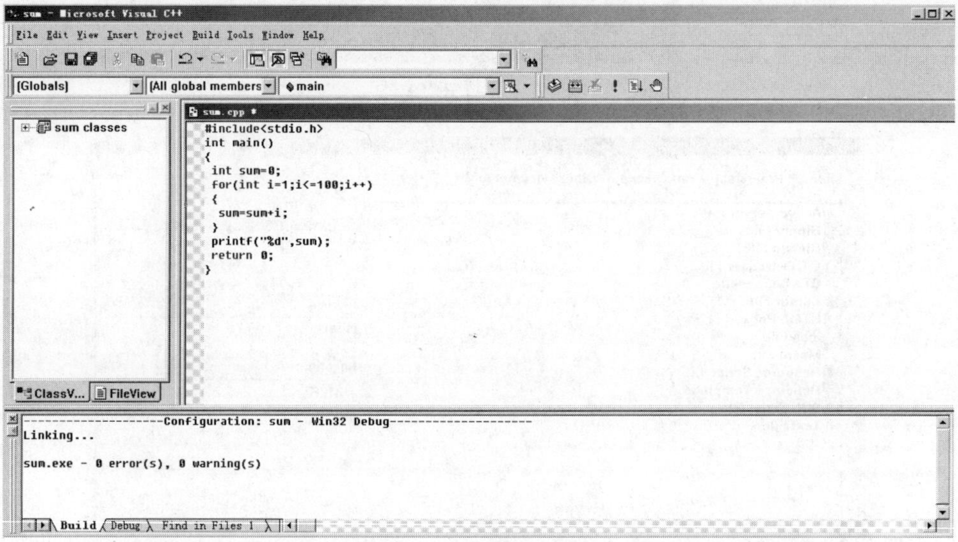

图 4.5 "连接"窗口

图 4.6 "运行"窗口

4.3　练　习　题

一、选择题

1. 计算机能识别的唯一语言是_____。

　　A）汇编语言　　　　B）机器语言　　　　C）Java 语言　　　　D）C++语言

2. 算法具有 5 个特性，以下选项中不属于算法特性的是_____。

　　A）有穷性　　　　　B）简洁性　　　　　C）可行性　　　　　D）确定性

3. 下列叙述中，正确的是_____。

　　A）自己编写的程序主要是给自己使用的

　　B）当前编写的程序主要是为当前使用的

　　C）运行结果正确的程序一定具有易读性

　　D）上述 3 种说法都不正确

4. 下列选项中不属于 3 种基本结构的是_____。

　　A）顺序结构　　　　B）选择结构　　　　C）并行结构　　　　D）循环结构

5. 结构化程序设计的主要特点是_____。

　　A）模块化　　　　　　　　　　　　B）每个控制结构具有封装性

　　C）每个控制结构具有独立性　　　　D）每个控制结构只有一个入口和一个出口

6. 下列选项中不属于结构化程序设计方法的是_____。

　　A）自顶向下　　　　B）逐步求精　　　　C）模块化　　　　　D）可复用

7. 同样的消息被不同对象接受时可导致完全不同的行为，这种现象称为_____。

　　A）多态性　　　　　B）继承性　　　　　C）重载性　　　　　D）封装性

8. 下列叙述中正确的是_____。

　　A）一个算法的空间复杂度大，则其时间复杂度也必定大

　　B）一个算法的空间复杂度大，则其时间复杂度必定小

　　C）一个算法的时间复杂度大，则其空间复杂度必定小

　　D）上述 3 中说法都不对

二、问答题

1. 什么是程序设计方法？简述程序设计步骤。

2. 什么是算法？写出几种常用的算法表示方法。

3. 什么是机器语言？什么是汇编语言？什么是高级语言？

4. 简述面向对象程序设计的特点。

第5章
Office 2003 办公软件

5.1　内　容　提　要

　　本章学习办公自动化技术。在办公自动化中掌握文档的基本编辑与排版，掌握 Word 表格制作，掌握图文混排，掌握 Word 综合练习，熟悉 Excel 基本操作，掌握 Excel 图表制作，掌握 Excel 的数据处理和综合练习，熟练掌握 PowerPoint 的基本操作，掌握办公自动化技术中的 PowerPoint 高级应用。

5.2　实　验　内　容

实验 4　Word 的基本编辑与排版

　1．实验目的

（1）掌握 Word 的启动和退出。

（2）掌握 Word 文档的建立、保存与打开操作。

（3）掌握字符串的查找与替换等基本编辑方法。

（4）掌握文本的剪切、复制和粘贴操作。

（5）掌握特殊符号的插入方法。

（6）掌握文档中字符和段落格式的设置。

　2．实验内容

（1）文档的编辑

　　① 选择"开始"|"程序"|"Microsoft Office"|"Microsoft Office Word 2003"菜单命令，屏幕上将出现 Word 应用程序窗口。

　　② 创建一个新文档，文档的格式与内容如图 5.1 所示。

　　③ 保存文件为"w1.doc"。

　　④ 参见图 5.2，将文中小标题[龟背竹]与[文竹]进行交换。

冬季花卉之"选秀"

　　并非所有的花卉都适合摆在室内，同样也不是所有适合室内的花卉都能平安越冬。以下介绍几种适宜冬季室内种植的"名角儿"。

　　[吊兰]

　　有"空气过滤器"的美誉。据分析，一盆吊兰一昼夜可将室内的一氧化碳、二氧化硫等有害气体基本吸收干净。吊兰又名折鹤兰，叶片似兰，形态雅致，性喜温湿，适宜温度为15~20℃，对土壤要求不高，是典型的卧室花卉。

　　[龟背竹]

　　纤美秀丽，淡雅脱俗，置于书房，平添几分风情与生机。龟背竹不但能吸收有害气体，还能释放出杀灭细菌的气体，对感冒、伤寒等疾病有意想不到的预防功效。龟背竹随性喜温湿环境，但浇水不宜过多，且畏旱畏寒，室温尽量不要低于 10℃。

　　[文竹]

　　茎粗壮，节棱似竹，适合放在相对开阔的客厅。龟背竹有易栽培、易繁殖、易管理的特点，喜欢富含腐殖质的沙壤土。其页面上散布的椭圆形孔洞和裂痕，对甲醛等有害气体能很好的吸收。

　　[仙人掌]

　　最显著的功效是吸收计算机辐射，为搁置计算机桌上的首选。金琥乃仙人掌科中的佼佼者，茎球有棱，刺座较大，针刺金黄色，能 24 小时放氧。管理起来极为省心，只要确保越冬温度在 15℃以上，几日喷洒一次水雾便可。

　　另外，月季、百合、茉莉、芦荟、虎尾兰、绿萝等也是净化室内空气较佳的越冬植物。

图 5.1　文档格式与内容

操作提示：

可用"剪切"＋"粘贴"的方法完成交换。

⑤ 在[文竹]标题下的正文段内容中，将"龟背竹"文字，替换成"文竹"。式样如图 5.2 所示。

⑥ 将文中小标题的左右方括号[]，替换成【 】，颜色为蓝色。式样如图 5.2 所示。

冬季花卉之"选秀"

　　并非所有的花卉都适合摆在室内，同样也不是所有适合室内的花卉都能平安越冬。以下介绍几种适宜冬季室内种植的"名角儿"。

　　●【吊兰】

　　有"空气过滤器"的美誉。据分析，一盆吊兰一昼夜可将室内的一氧化碳、二氧化硫等有害气体基本吸收干净。吊兰又名折鹤兰，叶片似兰，形态雅致，性喜温湿，适宜温度为 15～20℃，对土壤要求不高，是典型的卧室花卉。

　　●【文竹】

　　纤美秀丽，淡雅脱俗，置于书房，平添几分风情与生机。文竹不但能吸收有害气体，还能释放出杀灭细菌的气体，对感冒、伤寒等疾病有意想不到的预防功效。龟背竹随性喜温湿环境，但浇水不宜过多，且畏旱畏寒，室温尽量不要低于 10℃。

　　●【龟背竹】

　　茎粗壮，节棱似竹，适合放在相对开阔的客厅。龟背竹有易栽培、易繁殖、易管理的特点，喜欢富含腐殖质的沙壤土。其页面上散布的椭圆形孔洞和裂痕，对甲醛等有害气体能很好的吸收。

　　●【仙人掌】

　　最显著的功效是吸收计算机辐射，为搁置计算机桌上的首选。金琥乃仙人掌科中的佼佼者，茎球有棱，刺座较大，针刺金黄色，能 24 小时放氧。管理起来极为省心，只要确保越冬温度在 15℃以上，几日喷洒一次水雾便可。

　　另外，月季、百合、茉莉、芦荟、虎尾兰、绿萝等也是净化室内空气较佳的越冬植物。

图 5.2　w1.doc 样文

操作提示：

方括号[]要左右分别替换。

a. 首先，选择"编辑"|"替换"菜单命令，在弹出的"查找和替换"对话框中，选择"替换"选项卡，在"查找内容"文本框中，输入[，在"替换为"文本框中，输入【。

b. 单击"高级"按钮，注意选中"替换为"中的文本内容，再单击下方的"格式"|"字体"菜单命令，在弹出的对话框中，选择"字体颜色"为"蓝色"，单击"确定"按钮，再单击"全部替换"按钮。

c. 替换后弹出如图 5.3 所示对话框，单击"确定"按钮结束本次替换操作。

d. 按上述方法对右括号]进行相同的操作。

图 5.3   "替换"询问框

⑦ 在 4 个小标题【吊兰】、【文竹】、【龟背竹】、【仙人掌】前分别插入特殊符号●，如图 5.2 所示。

（2）文档排版

① 纸张类型：B5；页边距：上、下、左、右均为 2.5 厘米；页眉页脚距页边距 1.5 厘米。

② 将大标题居中，字体颜色为蓝色，添加蓝色双线边框，底纹为-10%灰色底纹，样文如图 5.2 所示。

操作提示：

选择"格式"|"边框和底纹"菜单命令，在弹出的对话框中完成。注意在"应用于"下拉列表框中选中"文字"。

③ 将小标题设为首行无缩进、楷体五号字、蓝色、加粗、两端对齐，段前、段后各 0.5 行。其余各段均首行缩进 2 字符，两端对齐。第一段和最后一段内容设置为楷体五号字，样式如图 5.2 所示。

④ 将当前文档以文件名 "w1.doc" 进行保存。

实验 5   Word 表格制作

1. 实验目的

（1）掌握在 Word 文档中制作表格的方法。

（2）掌握表格基本编辑方法。

（3）掌握表格的格式设置。

2. 实验内容

（1）设置页面

新建一个 Word 文档，设置纸型为 A4 纸，页边距上、下、左、右均为 2.5 厘米，页眉、页脚为默认值。

（2）创建表格

① 在文档中创建一个 4×5 的表格。

② 添加标题"一季度产品销量统计"，宋体、4 号、居中，如图 5.4 所示。

一季度产品销量统计

销量　地　区　量　月份	西南地区	西北地区	华南地区	华北地区
一月	1500	2000	780	1420
二月	2100	3000	2500	1300
三月	3000	2000	1200	2000
合计				
平均				

图 5.4　bg1.doc 样文

操作提示：

可在第一行第一列的单元格内，单击"回车"键，在表格上方就会出现一个空行用于录入标题。

③ 绘制斜线表头，选择"样式二"，"小五号"字体。

④ 填写表格中的文字内容，如图 5.4 所示。

⑤ 增加"合计"行和"平均"行，"合计"行的底纹为"浅绿色；"平均"行的底纹为"浅黄色"。

⑥ 设置表格第一行和第一列的文字水平垂直均居中；表格的外框为"0.5 磅双线"；表格第一行的下线为 2.5 磅粗线；表格相对于页面水平居中。

⑦ 将新建的表格以文件名"bg1.doc"进行保存。

（3）表格转换

① 新建 Word 文档，设置纸型为 A4 纸方向为横向，页边距及页眉、页脚均为默认值。

② 录入文字内容如图 5.5 所示。

③ 将录入的文字转换成 8 列的表格，文字分隔符号为*号。

房号*户型*建筑面积*景观*原单价（元/m^2）*一口价单价（元/m^2）*一口价总价（元）*优惠总额（元）

2-3-204*四室二厅二卫*154.36*湖景、楼王*7301*5366*828332*298650

5-3-2901*三室二厅一卫*116.18*双湖景、楼王*7851*5770*670415*241714

6-1-3304*三室二厅一卫*95.41*湖景、园林*7181*5256*501474*180803

6-2-3301*三室二厅一卫*95.64*湖景、园林*7281*5329*509712*183774

6-2-3302*二室二厅一卫*99.46*湖景、园林*7351*5329*530070*191114

图 5.5　文档格式与内容

④ 表格自动套用格式"流行式"，如图 5.6 所示。

房号	户型	建筑面积	景观	原单价（元/m²）	一口价单价（元/m²）	一口价总价（元）	优惠总额（元）
2-3-204	四室二厅二卫	154.36	湖景、楼王	7301	5366	828332	298650
5-3-2901	三室二厅一卫	116.18	双湖景、楼王	7851	5770	670415	241714
6-1-3304	三室二厅一卫	95.41	湖景、园林	7181	5256	501474	180803
6-2-3301	三室二厅一卫	95.64	湖景、园林	7281	5329	509712	183774
6-2-3302	二室二厅一卫	99.46	湖景、园林	7351	5329	530070	191114

图 5.6 bg2.doc 样文

⑤ 将新建的表格以文件名"bg2.doc"进行保存。

实验 6　Word 的图文混排

1．实验目的

（1）掌握艺术字体的设置。

（2）掌握分栏排版技术。

（3）掌握页面和页脚的设置。

（4）掌握插入图片及设置图片格式的方法。

2．实验内容

（1）新建文档

① 创建一个新文档，文档的格式与内容如图 5.7 所示。

② 将录入的文档以文件名"w1.doc"进行保存。

（2）图文混排

① 纸张类型：B5；页边距：上、下、左、右均为 2.5 厘米；页眉页脚页边距 1.5 厘米。

② 将正文的前 4 段内容，设置为首行缩进 2 字符，宋体，五号字，正文第 2 段左右各缩进 1 字符。

③ 将大标题（冬季花卉之"养生"）设为艺术字，艺术字样式为第 4 行第 3 列，字体楷体、36 磅、字形为细上弯弧，环绕方式为四周型，参照图 5.8 所示。

④ 将正文第 2 段和第 3 段分成偏左两栏显示，间距 2 字符，中间有分隔线，如图 5.8 所示。

⑤ 设置第 2 段正文首字下沉，下沉行数 2 行，距正文 0 厘米。

⑥ 在右栏中插入一副文竹图片（注：可上网搜索），设置图片环绕方式为"四周型"，图片大小高度 2.5 厘米、宽度 3.5 厘米，取消"锁定纵横比"选项；图片位置水平距页面 9 厘米，垂直距段落 1 厘米。

操作提示：

右击图片，选择"设置图片格式"命令，在弹出的对话框中进行选项设置。

冬季花卉之"养生"

室温调控得当，冬季的光照强度减弱，除了有效防冻外，还应让花卉晒暖，每天接受 3 个小时以上的光照有利于来年的苗壮成长。但并非温度越高越好，大部分花卉进入冬季后便处于休眠或半休眠状态，温度过高，就会有生理活动，乃至叶芽萌生，会将积蓄的能量浪费掉，反而对生长不利，所以温度尽量不要高过 10℃。

肥料水分得当。冬季花卉的吸收能力不强，施过多肥料，会伤害根系，使其更加畏寒。水分的蒸发量也减弱，花卉植物在低温情况下生长停滞，过多的水分会使根系呼吸不畅，极易造成根系得病，甚至烂根死亡。冬季花卉需要的肥、水很少，能够维持生命就可以了。

调节空气温度。冬季气候本来就干燥，加上家用空调的使用，使得空气温度降低影响花卉生长。冬季对茉莉、龟背竹、仙人掌类的空气湿度应不低于 50%，而吊兰、文竹、石菖蒲等需达到 60% 以上。湿度不足时，可采用喷水雾的方法来解决。如果家中采暖方式是地暖的，还要注意把花盆放到花架上，以减少地温过高，对盆花造成伤害。

注意防病虫害。冬季花卉易发病大都是真菌病害，如灰霉病、根腐病、疫病等。原因不外于低温、植株抗寒性下降，所以关键是控制好温度，提高整株抗寒性，必要时以药剂防治为辅。虫害不外乎防介壳虫和蚜虫，早发现早治理即可。

希望在春节一睹花开富贵的朋友，现在养一盆水仙花正是时候。水仙洁白玲珑，淡香优雅，叶姿颖秀，若在爆竹声中悄然绽放，映衬大红喜字福联，真可谓"水仙花绽满堂春，冰肌玉骨袭贵人"！

图 5.7　文档格式与内容

⑦ 在正文第 5 段段首插入剪贴画。在剪贴画任务窗格中的"搜索文字"栏内，输入"水仙花"，单击搜索，在出现的结果中将第四行第二列的图片插入右栏中。设置图片环绕方式为"四周型"，图片大小高度 2 厘米、宽度 3 厘米，位置如图 5.8 所示。

⑧ 完成上述所有操作后，将文件以"w2.doc"文件名保存。

图 5.8　w2.doc 样文

（3）绘图练习

① 创建一个新文档，纸张类型：B5；页边距：上、下、左、右均为 2.5 厘米；页眉页脚距页边距 1.5 厘米。

② 按样文图 5.9 所示绘制组织结构图。

③ 完成上述所有操作后，将文件以"w3.doc"文件名保存。

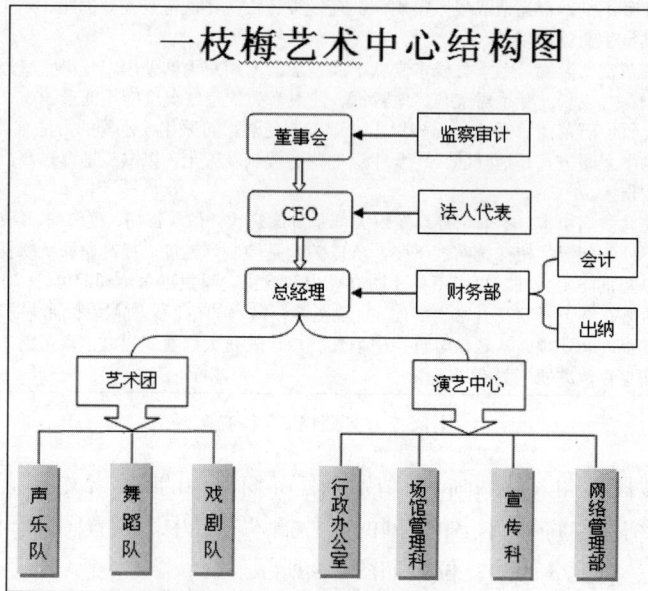

图 5.9　w3.doc 样文

（4）文件合并练习

① 打开"w1.doc"文件，在文档末尾插入分隔符，选择分节符类型为"下一页"。

② 插入文件"w2.doc"，并在文档末尾以同样的方式插入分节符"下一页"，继续插入文件 w3.doc。

③ 设置页眉页脚。设置奇数页眉文字为"花卉选秀"、楷体小五号、居左；偶数页页眉文字为"花卉养生"、楷体小五号、居右；页脚输入页码。参照图 5.10 所示。

④ 完成上述所有操作后，将文档以"w4.doc"文件名保存。

图 5.10　奇偶页眉样图

实验 7　Word 综合练习

1. 实验目的

（1）综合利用 Word 文档编排技术和技巧对文档进行排版。

（2）掌握文档分栏排版技巧。

（3）掌握艺术字的制作。

（4）掌握文本框在文档中使用的方法。

（5）掌握 Word 图文混排的基本方法和技巧。

2．实验内容

（1）新建文档

① 创建一个新文档，文档的格式与内容如图 5.11 所示。

② 将录入的文档以文件名 "zhlx1.doc" 保存。

多媒体技术基础

一、什么是 MPC

　　MPC 是 Multimedia Personal Computer 的缩写，意思是 "PC" 机。MPC 不仅含有 "PC 机" 之意，而且还代表 MPC 的工业标准。因此，严格地说，所谓 PC 机，是指符合 MPC 标准的具有多媒体功能的个人计算机。MPC 工业标准始于 1990 年 11 月，由美国微软公司和一些计算机技术公司组成的 "PC 机市场协会（Multimedia PC Maketing Coumcil）" 对个人计算机的多媒体技术进行规范化管理和制定相应的标准。该协会后来与全球数千家计算机厂商共同组建 "PC 机工作组（Multimedia PC Working Group）"，仍然从事制定各种 MPC 标准的工作。

　　MPC 标准的具体内容包括：

①制定高于 MPC 标准的计算机部件的升级规范。

②规定 PC 机硬件设备和操作系统的量化指标。

③对个人计算机增加多媒体功能所需的软硬件进行最低标准的规范。

④确定 MPC 的三组标准，即：

● 　MPCLecel1——PC 机 1 级标准，标记为 MPC1。

2011 年 6 月 16 日 1:50PM

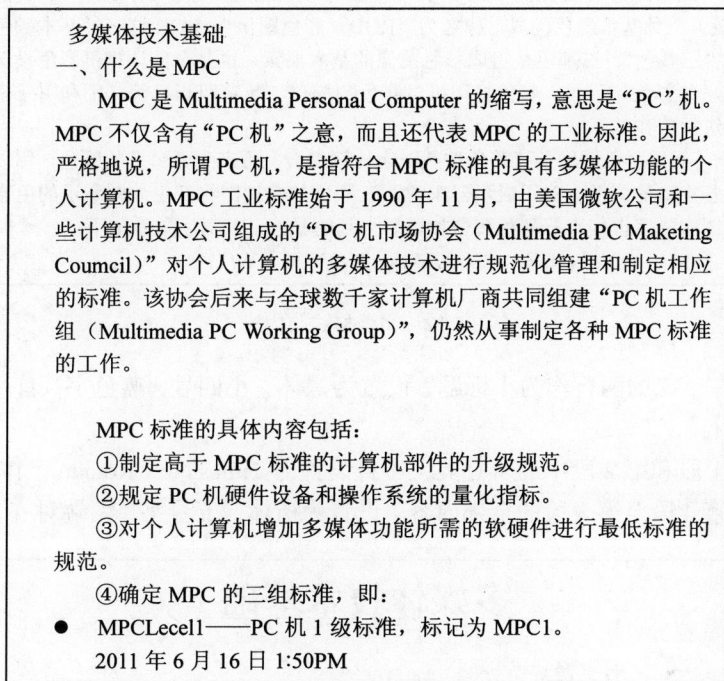

图 5.11　文档格式与内容 1

（2）文档编辑

① 将正文中所有的 "MPC" 改为斜体、带着重号。

② 将文中所有的 "PC 机" 改为 "多媒体个人计算机"。

③ 将第 4 自然段前的空行。

④ 将文中第 5 行自 "MPC 工业标准..." 处另起一行。

⑤ 将文中倒数第二行的内容 "·MPCLecel1——PC 机 1 级标准，标记为 MPC1。" 复制两行。

⑥ 将新复制的两行中第一行中的 1 改为 2，第二行中的 1 改为 3。

⑦ 将文中标号为①的内容与标号为③的内容交换位置。

⑧ 删除文末的日期和时间。将正文第 1 段和第 2 段段首的 "MPC" 去掉着重号。参照图 5.13 样文所示。

⑨ 在文档的最后，另起一行，录入图 5.12 所示文字。

⑩ 将文档中半角的/改为全角的破折号——。

（3）排版练习

① 设置纸张为 A4 纸，页边距上、下、左、右均为 2.5 厘米，页眉、页脚为默认值。

② 将第 1 行 "多媒体技术基础" 作为标题，设置为宋体，二号字，粗体，居中，加下划线单

线，段后间距为一行，单倍行距，首行无缩进。

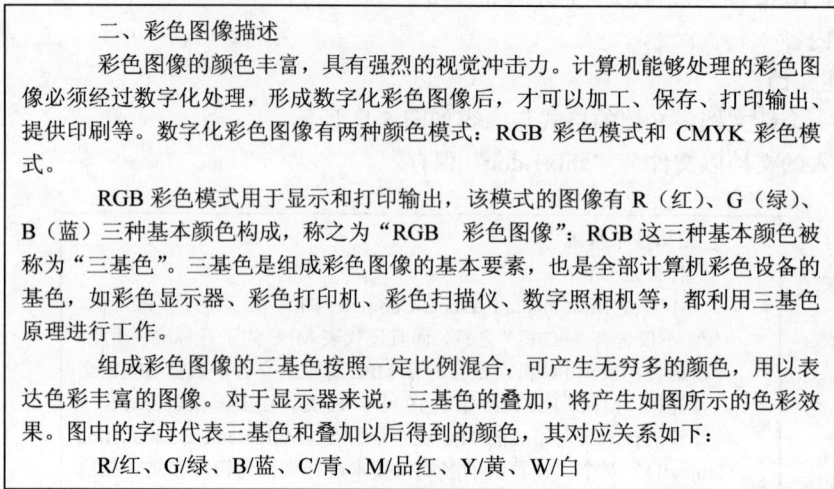

二、彩色图像描述

彩色图像的颜色丰富，具有强烈的视觉冲击力。计算机能够处理的彩色图像必须经过数字化处理，形成数字化彩色图像后，才可以加工、保存、打印输出、提供印刷等。数字化彩色图像有两种颜色模式：RGB 彩色模式和 CMYK 彩色模式。

RGB 彩色模式用于显示和打印输出，该模式的图像有 R（红）、G（绿）、B（蓝）三种基本颜色构成，称之为"RGB 彩色图像"；RGB 这三种基本颜色被称为"三基色"。三基色是组成彩色图像的基本要素，也是全部计算机彩色设备的基色，如彩色显示器、彩色打印机、彩色扫描仪、数字照相机等，都利用三基色原理进行工作。

组成彩色图像的三基色按照一定比例混合，可产生无穷多的颜色，用以表达色彩丰富的图像。对于显示器来说，三基色的叠加，将产生如图所示的色彩效果。图中的字母代表三基色和叠加以后得到的颜色，其对应关系如下：

R/红、G/绿、B/蓝、C/青、M/品红、Y/黄、W/白

图 5.12 文档格式与内容

③ 将标号为一、二的两行作为小标题，设置为黑体，小四号，蓝色字，首行缩进 2 字符，段前、段后均为 0.5 行。

④ 将正文第 1 段和第 2 段中的所有英文字符设置为 Times New Roman 字体、红色。

⑤ 将正文从第 4 段至第 8 段的全部内容，设置为楷体，五号字，两端对齐，如图 5.13 所示。

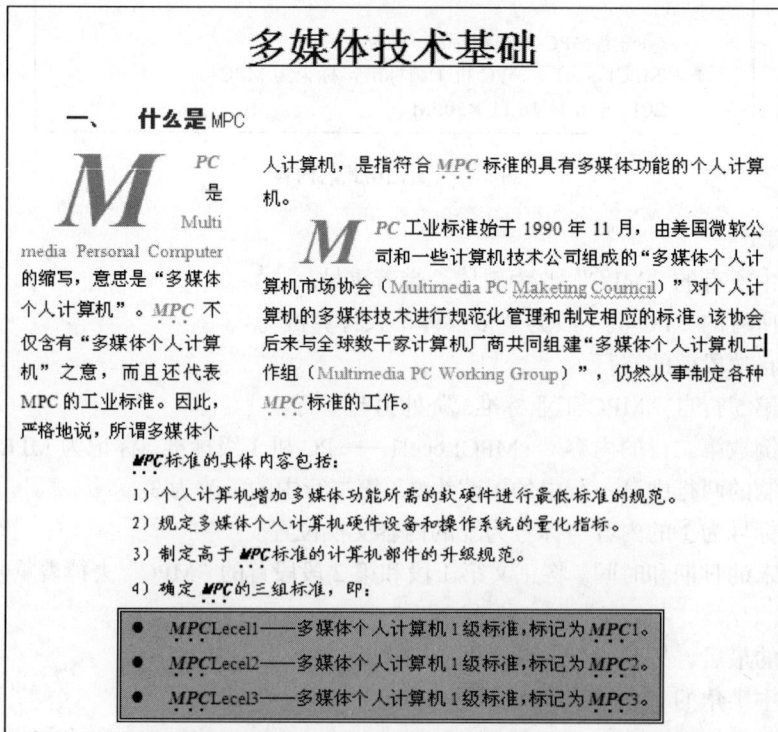

图 5.13 zhlx.doc 排版样文

⑥ 将正文第一段、第二段及标题"二、彩色图像描述"以下的 3 段内容均设置为首行缩进 2

字符。

⑦ 将正文中设置为楷体字的 5 段内容，设置左缩进 6 字符。

⑧ 将标题"一"中的最后的三段内容设置为左、右各缩进 6 字符，居中，加红色 0.5 磅双线边框，淡紫色底纹。

⑨ 将正文第一段设置"首字下沉"，下沉行数为 3 行。

⑩ 将正文第二段设置"首字下沉"，下沉行数为 2 行。

⑪ 将正文第一、第二段内容分为不规则偏左两栏，栏间距为 3 字符。

⑫ 输入页眉文字"多媒体技术基础"，宋体小五号，右对齐。页脚为"插入自动图文集"中的"作者、页码、日期"。

⑬ 完成以上操作后，按原名保存文件。

（4）绘制图形

① 新建一个 Word 文档，在新文档中绘制 3 个圆，高度、宽度均为 2.5 厘米，如图 5.14 所示。

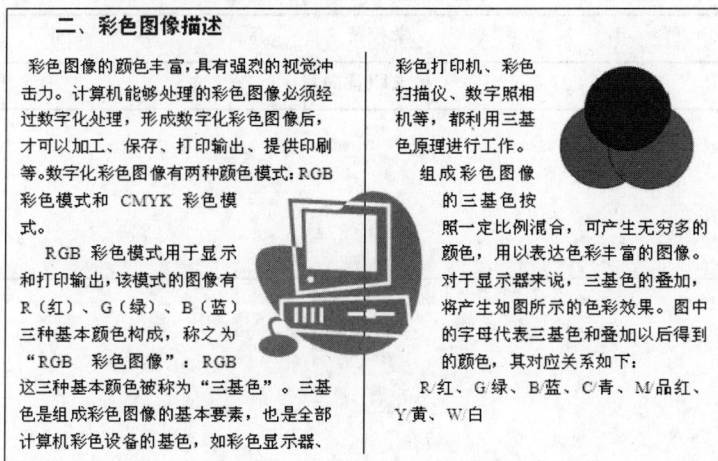

图 5.14　zhlx.doc 图文混排图

② 将 3 个圆组合，分别填充 3 中颜色：红色、绿色、蓝色，如图 5.14 所示。

③ 完成后的图形以文件名"ht.bmp"进行保存。

（5）图文混排

打开文件 zhlx1.doc，按图 5.14 所示进行图文混排。

① 将第 1 行大标题"多媒体技术基础"文字改为艺术字，在艺术字库中选择第 1 行第 4 列，设置为宋体、36 号字。

② 设置艺术字阴影格式为第 5 行第 3 列样式。调整艺术字位置作为文档的标题。

③ 将标题二下面的 4 段内容分为两栏、加分隔线、栏间距为 3.5 个字符。

④ 插入剪贴画：在剪贴画任务窗格中，输入"计算机"进行搜索，选择第 5 行第 2 列的图插入到分栏的文本中，图片大小：高度为 3 厘米、宽度为 3.5 厘米；四周环绕，如图 5.14 所示的位置。

⑤ 插入图片"ht.bmp"，图片大小为高度 3.3 厘米、宽度为 3.9 厘米，环绕方式：四周型，图片位置：水平依栏 11.5 厘米。

⑥ 完成后的文档以文件名"zhlx.doc"保存。

（6）公式及表格练习

① 新建一文档，用公式编辑器编排如下数学公式：

$$H(X)=\sum_{i=1}^{n}p(x_i)I\big[p(x_i)\big]=-\sum_{i=1}^{n}p(x_i)\log_2 p(x_i)$$

② 按图 5.15 所示制作表格，表格行高均为固定值，前 5 行行高为 0.6 厘米，第 6 行和第 7 行行高为 2.5 厘米，最后一行行高为 1.2 厘米，完成后以文件名"bg3.doc"保存。

个人简历

姓　　名		性别		出生日期		年龄		
户籍地址			联系电话					
通信地址			证件号码					
毕业学校		年	学校		系		专业	
政治面貌			求职意向					
教育经历								
曾获奖励								
特长								

图 5.15　bg3.doc 样文

实验 8　Excel 基本操作

1．实验目的

（1）掌握 Excel 的启动、退出和窗口元素的设置。

（2）掌握 Excel 各种类型数据的输入方法和数据的自动填充。

（3）掌握公式和常用函数的使用。

（4）掌握工作表的插入、删除、移动、复制和重新命名等操作。

（5）掌握单元格、行、列的移动、复制、插入、删除。

（6）掌握工作表的编辑和格式设置。

2．实验内容

（1）启动 Excel

启动后，显示如图 5.16 所示的 Excel 窗口界面。

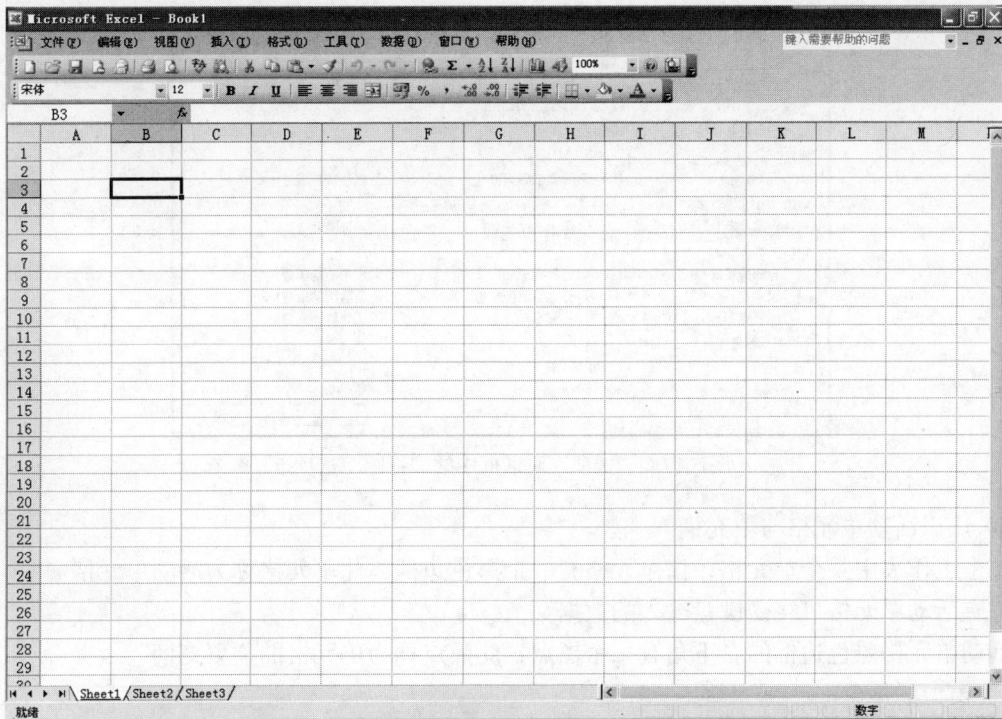

图 5.16　Microsoft Excel 窗口

（2）认识 Excel 窗口组成元素

Excel 窗口组成元素：标题栏、菜单栏、"常用"工具栏、"格式"工具栏、编辑栏、状态栏及工作表工作区，行号，列标，工作表选项卡栏，工作表选项卡滚动按钮，工作区拆分按钮等各项元素。

① 仔细观察，找出 Excel 窗口与 Word 窗口的不同之处及工具栏中 Excel 特有的工具按钮。

② 通过窗口显示的信息，说出当前工作簿、工作表及活动单元格的名称。

（3）Excel 窗口元素的设置及基本操作

① 隐藏和显示"编辑栏"、"状态栏"。

隐藏"编辑栏"和"状态栏"，选择"视图"下拉菜单完成。

隐藏后，再次显示出来。

② 隐藏与显示工作区窗口的网格线。

Excel 启动后，为了清楚地区分每个单元格，方便操作，呈现的工作表工作区带有网格线，这些网格线并不是真实的表格线。因此，工作区单元格的网格线也可以隐藏。若想打印带有表格框线的工作表，通常需自行设置工作表的边框线。

隐藏与显示网格线，选择"工具"|"选项"菜单命令，弹出"选项"对话框，在"视图"选项卡上完成，如图 5.17 所示。

如图 5.17 中，在"选项"对话框"视图"选项卡上，还可以设置当前窗口中"编辑栏"、"状态栏"及工作表工作区中"行号列标"、"工作表标签"、"水平滚动条"、"垂直滚动条"的显示与隐藏，也可以设置网格线的颜色。

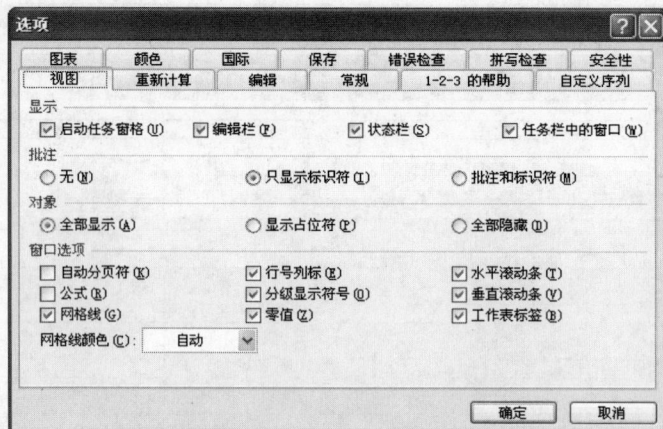

图 5.17　"选项"对话框中的"视图"选项卡

③ 认识活动单元格与填充柄。

单击工作表中某个单元格,该单元格有一个黑色边框,此单元格称为活动单元格。

只有活动单元格可接受键盘输入的数据。

活动单元格黑色边框的右下角有一个黑点,此黑点称为单元格的"填充柄"。

④ 窗口的拆分。

a. 窗口的拆分:将鼠标指向垂直滚动条上方的垂直拆分块▅▅,双击或按住鼠标左键拖动,则当前的窗口拆分成上、下两个窗格。

同样,利用工作区窗口水平滚动条右端的水平拆分块▌▌,可以将当前窗口拆分成左、右两个窗格。

拆分后每个窗格都有自己的滚动条。

b. 调整窗格的大小:把鼠标放到两个窗格之间的拆分线上,按住鼠标左键,上下(或左右)拖动,也可以改变窗格的大小。

c. 取消窗口的拆分:将鼠标放到拆分线上双击,将撤销窗口的拆分。

不用拆分块,选择"窗口"|"拆分"或"撤销拆分窗口"命令菜单,也可以实现窗口的拆分和撤销拆分。

⑤ 工作表工作区的滚动。

单击水平滚动条 ▶ 向右滚动按钮,工作区一列一列左移,反复操作并仔细观察。

单击垂直滚动条 ▼ 向下滚动按钮,工作区一行一行上移,反复操作并仔细观察。

(4)单元格数据输入和编辑

① 在 A1 单元格中输入"信息技术基础",然后再修改为"大学信息技术基础"。

• 直接单击 A1 单元格,从键盘输入"信息技术基础"。

• 将鼠标指针移至遗漏字符位置,双击,然后从键盘输入遗漏的字符即可。

记住:Excel 单元格有选定和编辑两种状态。单击单元格,为单元格选中状态,接受键盘输入的内容。双击单元格,进入单元格的编辑状态,可以增加、删除和修改单元格的内容。

② 将"大学信息技术基础"改为"大学计算机技术基础"。

由于 B1 单元格中没有数据,A1 单元格中的内容延伸到 B1 单元格。

③ 在 B1 单元格中直接输入数字"6688990"。

观察 A1 单元格内容显示的变化,观察 B1 单元格中的数字的对齐方式。

④ 在 C1 单元格，输入电话号码 "6688990"。

单击 C1 单元格，输入 "6688991" 或输入 "= "6688990""。

观察：因为电话号码是字符型数字，输入时，不要直接输入数字，而要用半角单引号前导输入或用等号与双引号括起来输入。

⑤ 在 D1 单元格中输入 "2009-9-1"。

观察输入的日期显示是否正确，是否右对齐。

由此可知：系统默认的设置是字符型文本左对齐，数值型和日期型文本右对齐。

（5）公式的输入

输入公式时，必须首先输入等号，再输入公式。

假设圆半径为 5，在任意某个空白单元格中输入求圆面积的公式，计算圆面积。

例如：在 A4 单元格中输入 "=PI()*5^2" 或 "=PI()*5*5"。

其中 PI() 是计算圆周率的函数，"5^2" 表示 5*5。

在 A3 单元格中输入任意一个圆半径的值，用 A4 单元格中的公式计算出相应的圆面积。

- 将 A4 单元格中的面积公式改为 "=PI()*A3^2" 或 "PI()*A3*A3"。
- 在 A3 单元格中输入圆半径值，观察 A4 单元格的显示结果。

注意　公式中出现的单元格引用可以直接输入单元格的标识，也可以单击该单元格输入。

（6）练习填充柄的使用

① 在单元格中输入 "一月"，然后用填充柄向右或向下拖动。

② 在单元格中输入 "第一季"，然后用填充柄向右或向下拖动。

③ 在单元格中输入 "甲"，然后用填充柄向右或向下拖动。

④ 在单元格中输入 "星期一"，然后用填充柄向右或向下拖动。

⑤ 选择 "工具" | "选项" 菜单命令，在 "选项" 对话框 "自定义序列" 选项卡，仔细查看 Excel 系统提供的自定义序列都有哪些。

（7）自动填充数据练习

① 在当前工作表某个空白区域，任选一个单元格，输入数字 1，然后用填充柄向右或向下拖动，能否得到公差为 1 的等差数列？

② 将鼠标重新指向数字 1 单元格的填充柄，然后按住 Ctrl 键，向右或向下拖动，将得到一个怎样的序列？

记住，当单元格内容为数值时，直接拖动，数值不变；按住 Ctrl 键拖动，生成公差为 1 的等差序列。

③ 在当前工作表某个空白区域，任选一个单元格，输入 "东方 1 号"，然后用填充柄向右或向下拖动，将得到 "东方 1 号、东方 2 号、东方 3 号……" 序列。

④ 将鼠标重新指向 "东方 1 号" 单元格的填充柄，然后按住 Ctrl 键，向右或向下拖动，将得到一个怎样的序列？

记住：当单元格内容是含有数字的字符串时，直接拖动，字符串中的数字按步长 1 递增；按住 Ctrl 键拖动，单元格内容不变。

⑤ 在任意一个空白单元格中输入 "2009-1-1"，用填充柄向右或向下拖动，得到按 "日" 加 1

的日期序列。

⑥ 将鼠标重新指向"2009-1-1"单元格的填充柄，如果按住 Ctrl 键，用填充柄向右或向下拖动，将得到一个怎样的序列？

记住：当单元格为日期格式时，直接拖动，生成按"日"递减的等差序列；按住 Ctrl 键拖动，日期不变。

如何得到一个等比数列呢？如何得到公差不是 1 的等差数列？如何使日期按"月"（或"年"）递增或递减？带着这些疑问，完成下面的实验。

（8）填充序列练习

① 用"2009-1-1"单元格的填充柄向右或向下拖动，得到按"月"（或按"年"）递增 2 的日期序列。

选择"编辑"|"填充"|"序列"菜单命令，在"序列"对话框中按要求设置，如图 5.18 所示。

② 用数字"1"单元格的填充柄向右或向下拖动，得到公比为 3 的等比序列。

③ 在任一空白区域的两个连续的单元格中，依次输入 0 和 5，然后选定这两个单元格，再用填充柄向右或向下拖动若干单元格，将自动生成公差为 5 的等差数列。

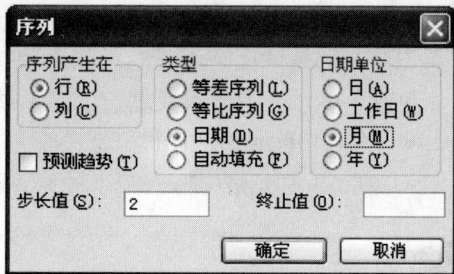

图 5.18　"序列"对话框

记住：只要在连续的单元格中，输入了等差数列前两项，不必用"序列"对话框，直接用填充柄拖动，将得到一个与前两项公差相同的等差数列。

（9）建立工作表

在 Book1 的 Sheet2 工作表中，按下列要求建立一张工作表。

① 输入表头。在 A1 单元格中输入"富强公司上半年商品销售表"，第二行按如图 5.19 所示输入。

	A	B	C	D	E	F	G	H	I	J	K	L	M	N	O
1	富强公司上半年商品销售表														
2	产品编号	产品类型	产品型号	单价（元）	生产厂家	出厂日期	联系电话	一月	二月	三月	四月	五月	六月	销售数量	销售额（元）
3															

图 5.19　表头样图

② 输入"产品编码"列。文本型数字，首项为 0001，公差为 1，末项为 0010 的等差数列自动填充。

③ 输入"产品类型"列。B3～B6 单元格是"彩电"，B7～B9 是"加湿器"，B10～B12 是"洗衣机"。

④ 输入"单价"列，D3～D6 单元格是首项为 1668，公差为 240 的等差数列；D7～D9 单元格是以 688 开始，按 120 的步长递增的等差数列；D10～D12 是以 1840 开始，按 220 的步长递增的等差数列。

⑤ 输入"生产厂家"列。彩电的厂家是"PHLIPS"，加湿器是"亚都"，洗衣机是"海尔"。

⑥ 输入"出厂日期"列。从 2007 年 1 月 15 日开始，以步长 1 的规律按月递增，并设置数据的显示格式为"日期"类型"Mar-01"。

⑦ 输入"联系电话"列。各厂家电话分别是飞利浦"70350050"，亚都"30118765"，洗衣机"69990111"。

⑧ "产品型号"列和"一月、二月……六月"列的数据按如图 5.20 所示输入。

（10）保存当前文档

Excel 文档也叫工作簿，启动 Excel 后系统默认当前文档为 Book1 工作簿。现在要求将当前工作簿以"Excel 实验"为文件名存放在 D 盘"Excel"文件夹下。

（11）公式的应用

继续对"Excel 实验"工作簿中的 Sheet2 工作表进行下列操作。

① 计算销售数量。用工具栏上的"自动求和"命令，求各产品一月 ~ 六月的销售数量和。

② 计算销售额。用公式"销售数量*单价"计算销售额。

产品型号	一月	二月	三月	四月	五月	六月
型号-1	9	4	1	4	6	3
型号-2	8	7	3	4	8	4
型号-3	10	10	4	7	9	6
型号-4	0	6	2	2	2	4
YC-B740	8	5	1	6	2	2
YC-B741	6	8	0	5	7	6
YC-B742	10	9	1	5	6	0
BC3改进型	10	7	7	2	3	3
BC4智能型	8	2	0	4	6	8
BC5世纪型	8	5	1	1	4	1

图 5.20　"产品型号"列和"一月 ~ 六月"数据

> **注意**　输入公式时要用相应的单元格标识，而不要在公式中直接输入汉字。

（12）工作表更名并设置表名选项卡的颜色

① 将工作表"Sheet1"改名为"练习"。将工作表选项卡栏中欲改名的工作表名称删除，直接输入新名即可。

② 将含有"富强公司上半年商品销售表"的 Sheet2 工作表改名为"富强公司销售情况"。

③ 将"练习"工作表名选项卡颜色设置为粉红色，将"富强公司销售情况"工作表名选项卡颜色设置为青绿色。

（13）复制工作表

将"富强公司销售情况"工作表复制一份，并把复制的工作表名重命名为"格式设置"。

（14）单元格移动和编辑

① 将"格式设置"工作表中 A1 单元格的内容移动或复制到 B1 单元格中。

② 将"格式设置"工作表中所有"产品"两字替换为"家电"。

建议用"查找和替换"对话框完成如图 5.21 所示。

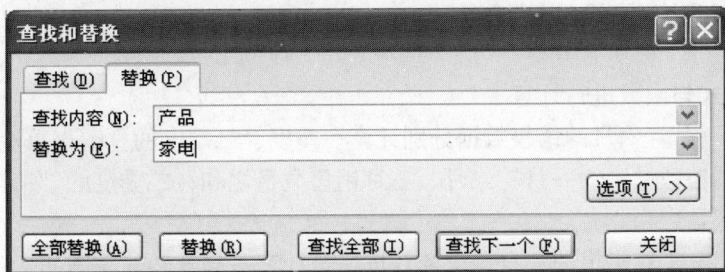

图 5.21　"查找和替换"对话框

（15）单元格的清除和删除

在"格式设置"工作表中，进行如下操作。

清除 A 列所有单元格内容：单击列标号"A"，选择 A 列，按 Delete 键或选择"编辑"|"删除"菜单命令。

注意比较"编辑"菜单中的"清除"与"删除"命令的区别。

（16）插入行

① 在第二行前插入1行。

② 在"彩电"、"加湿器"和"洗衣机"之间各插入1行，并分别在C8、C12和C16单元格中输入"合计"。

（17）插入列

① 在"三月"、"四月"之间插入两列，并分别在H3、I3单元格中输入"销售数量"、"销售额"。

② 分别在O3、P3单元格中输入"销售总额（元）"、"销售份额（%）"，使表尾增加两列。

③ 在E2和J2中单元格分别输入"一季度"、"二季度"。

经过上述操作后，"富强公司上半年销售情况"工作表样式如表5-1所示。

表5-1　　　　　　　　"富强公司上半年销售情况"工作表编辑样表

	A	B	C	D	E	F	G	H	I	J	K	L	M	N	O	P
1	富强公司	上半年商品销售表														
2					一季度					二季度						
3		家电类型	家电型号	单价（元）	一月	二月	三月	销售数量	销售额	四月	五月	六月	销售数量	销售额	销售总额（元）	销售份额（%）
4		彩电	型号-1	1668	9	4	1			4	6	3				
5		彩电	型号-2	1908	8	7	3			4	4	4				
6		彩电	型号-3	2148	10	10	4			7	9	6				
7		彩电	型号-4	2388	0	6	2			2	2	4				
8			合计													
9		加湿器	YC-B740	688												
10		加湿器	YC-B741	808												
11		加湿器	YC-B742	928												
12			合计													
13		洗衣机	BC3改进型	1840	10	7	7			2	3	3				
14		洗衣机	BC4智能型	2060	8	2	0			4	6	8				
15		洗衣机	BC5世纪星	2280	8	5	1			1	4	1				
16			合计													
17																

（18）合并单元格

① 将家电类型相同的单元格合并，即单元格（B4：B8）合并、（B9：B12）合并、（B13:B16）合并。

② 分别将单元格（B2:B3）、（C2:C3）、（D2:D3）、（O2:O3）、（P2:P3）合并。

③ 分别将单元格（E2:I2）、（J2:N2）合并。

④ 将单元格（B1:P1）合并。

（19）使用公式与函数进行计算

① 根据表中一月～六月的销售数据分别计算一季度、二季度的"销售数量"。

一季度的"销售数量"为一月、二月、三月销售数量之和；二季度的"销售数量"为四月、五月、六月销售数量之和。

建议用"常用"工具栏上的"自动求和"按钮∑计算一季度和二季度的"销售数量"。

② 根据一季度、二季度的"销售数量"，分别求一季度、二季度的"销售额"。

求"销售额"公式：销售额=销售数量*单价。

将I4单元格设置为活动单元格。

在I4单元格中输入公式"=H4*D4"（注意：不要在公式中输入汉字"销售额*单价"）。

用同样方法求出二季度"销售额"。

③ 根据一季度、二季度的销售额，求各种型号家电上半年各自的销售总额。

求"销售总额"公式：销售总额=(一季度销售额)+（二季度销售额）。

④ 将 P3 单元格文本"销售份额（%）"改为"占总销售额百分比（%）"。

⑤ 求彩电、加湿器、洗衣机的"合计"行各项的值。

建议用"自动求和"命令和填充柄完成。

⑥ 根据各家电上半年各自的销售总额占公司上半年总销售额的百分比，填充"占销售额百分比（%）"列。

公式：占总销售百分比=各自的销售总额/销售总额之和。

销售总额之和=SUM(各自的销售总额)

（20）设置字体和数据格式

在"格式设置"工作表中，进行字体和数据格式设置。

① 设置标题（B1：P1）字体为隶书、24 磅。

② 设置"一季度、二季度、销售总额（元）、占总销售额百分比（%）"的字体为黑色、12 磅。

③ 设置一季度和二季度的"销售额"、"销售总额"的数据格式为货币样式、不带小数位，仿宋体、10 磅、加粗。

④ 设置"占总销售额百分比"的数据格式为百分比样式、带两位小数，仿宋体、10 磅、加粗。

将 3 个"合计"单元格字体加粗，3 个"合计"行的数据格式设置为宋体、10 磅、加粗、倾斜。

（21）设置数据的对齐方式

① 将表中的所有文本和数据均设置为水平居中和垂直居中对齐。

② 将 B4、B9、B13 单元格中的文字方向设置为竖排文字。

③ 将"单价（元）"、"销售总额（元）"及"占总销售额百分比（%）"3 个单元格文本设置为"自动换行"。

上述操作可选择"格式"|"单元格"菜单命令，在弹出的"单元格格式"对话框的"对齐"选项卡进行设置。设置结果如图 5.22 所示。

（22）设置行高

设置第一行行高为 50；第二行、第三行行高均为 25。

（23）设置列宽

① 设置"家电类型"和"家电型号"两列为最合适的列宽。

② 设置"单价"列宽为 6，"销售总额"列宽为 12，"占总销售额百分比"列宽为 9。

③ 设置一月～六月的列宽均为 4。

图 5.22　单元格格式"对齐"选项卡

④ 将一季度和二季度销售数量两列的列宽均设为 8，将两季度的销售额的列宽均设为最适合的列宽。

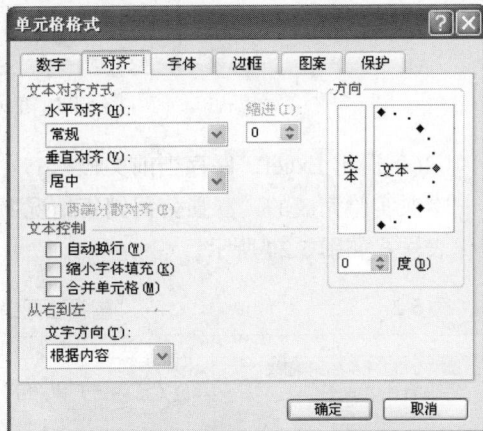

（24）设置图案

① 将表头 B2:P3 单元格的底纹颜色设为深蓝色，各单元格的字体颜色设为白色。

② 设置 3 个"合计"行底纹图案为黄色、细对角线条纹（注意：此处只设置底纹图案和图案颜色，不设置底纹颜色）。

选择"格式"|"单元格"菜单命令，在弹出的"单元格格式"对话框的"图案"选项卡中进行单元格底纹颜色和图案的设置。

（25）设置边框线条样式和线条颜色

① 设置表格 B2:P16 数据区、区外框线为中粗线，内框线为细线，"彩电"、"加湿器"和"洗衣机"单元格的右框线为双线。

② 将表头 B2:P3 单元格的内部框线的颜色设为白色。

设置单元格边框和边框颜色需要注意以下两点。

a. 首先选定预设置边框的单元格区域。

b. 在"单元格格式"对话框的"边框"选项卡上首先定义边框线条的样式和颜色，即"边框"选项卡上右边的内容，其次定义外边框、内边框、上边框、下边框等"边框"选项，如图 5.23 所示。

c. 设置边框线颜色为白色后，"边框"选项卡上线条样式框内将一片空白。预恢复显示样式，只要将线条颜色重置为自动即可。

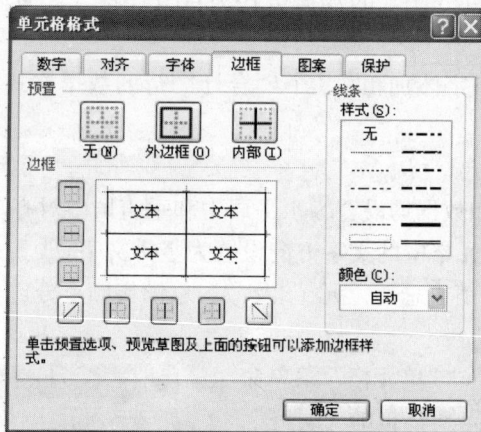

图 5.23　单元格格式"边框"选项卡

（26）退出 Excel，保存当前文档

本次实验完成的"富强公司销售情况"工作表基本数据如表 5-2 所示，完成的"格式设置"工作表样式如图 5.24 所示。

表 5-2　　　　　　　　　　　"富强公司销售情况"工作表数据样表

	A	B	C	D	E	F	G	H	I	J	K	L	M	N	O	P
1	富强公司上半年商品销售表															
2	产品编号	产品类型		单价（元）	生产厂家	出厂日期	联系电话	产品型号	一月	二月	三月	四月	五月	六月	销售数量	销售额（元）
3	0001	彩电		1668	PHLIPS		70350050	型号-1	9	4	1	4	6	3	27	45036
4	0002	彩电		1908	PHLIPS		70350050	型号-2	8	7	3	4	8	4	34	64872
5	0003	彩电		2148	PHLIPS		70350050	型号-3	10	10	4	7	9	6	46	98808
6	0004	彩电		2388	PHLIPS		70350050	型号-4	0	6	2	2	2	4	16	38208
7	0005	加湿器		688	亚都		30118765	YC-B740	8	5	1	6	2	2	24	16512
8	0006	加湿器		808	亚都		30118766	YC-B741	6	8	0	5	7	6	32	25856
9	0007	加湿器		928	亚都		30118767	YC-B742	9	8	1	5	6	0	31	28768
10	0008	洗衣机		1840	海尔		6990111	BC3改进型	10	7	7	2	3	3	32	58880
11	0009	洗衣机		2060	海尔		6990111	BC4智能型	8	2	0	6	4	8	28	57680
12	0010	洗衣机		2280	海尔		6990111	BC5世纪型	8	5	1	1	4	1	20	45600

富强公司上半年商品销售表

家电类型	家电型号	单价（元）	一季度					二季度					销售总额（元）	占总销售额百分比（%）
			一月	二月	三月	销售数量	销售额	四月	五月	六月	销售数量	销售额		
彩电	型号-1	1668	9	4	1	14	¥23,352	4	6	3	13	¥21,684	¥45,036	9.38%
	型号-2	1908	8	7	3	18	¥34,344	4	8	4	16	¥30,528	¥64,872	13.51%
	型号-3	2148	10	10	4	24	¥51,552	7	9	6	22	¥47,256	¥98,808	20.58%
	型号-4	2388	0	6	2	8	¥19,104	2	4	4	8	¥19,104	¥38,208	7.96%
	合计		27	27	10	64	¥128,352	17	25	17	59	¥118,572	¥246,924	51.42%
加湿器	YC-B740	688	8	5	1	14	¥9,632	6	2	2	10	¥6,880	¥16,512	3.44%
	YC-B741	808	6	8	0	14	¥11,312	5	7	6	18	¥14,544	¥25,856	5.38%
	YC-B742	928	10	9	1	20	¥18,560	5	6	0	11	¥10,208	¥28,768	5.99%
	合计		24	22	2	48	¥39,504	16	15	8	39	¥31,632	¥71,136	14.81%
洗衣机	BC3改进型	1840	10	7	7	24	¥44,160	2	3	3	8	¥14,720	¥58,880	12.26%
	BC4智能型	2060	8	2	0	10	¥20,600	4	6	8	18	¥37,080	¥57,680	12.01%
	BC5世纪型	2280	8	5	1	14	¥31,920	1	4	1	6	¥13,680	¥45,600	9.50%
	合计		26	14	8	48	¥96,680	7	13	12	32	¥65,480	¥162,160	33.77%

图 5.24 富强公司上半年商品销售表格式设置样图

实验 9 Excel 图表的制作

1. 实验目的

（1）掌握创建图表的方法。

（2）掌握图表的编辑和格式化。

（3）熟练掌握图表工具栏的使用。

2. 实验内容

（1）实验准备

打开"D:\Excel\Excel 实验"工作簿。

（2）复制工作表

将"格式设置"工作表复制一份，重命名为"柱形图表"。

（3）制作柱形图表

在"柱形图表"工作表中，根据富强公司第一季度和第二季度彩电、洗衣机的销售数量，创建如图 5.25 所示的柱形图表。

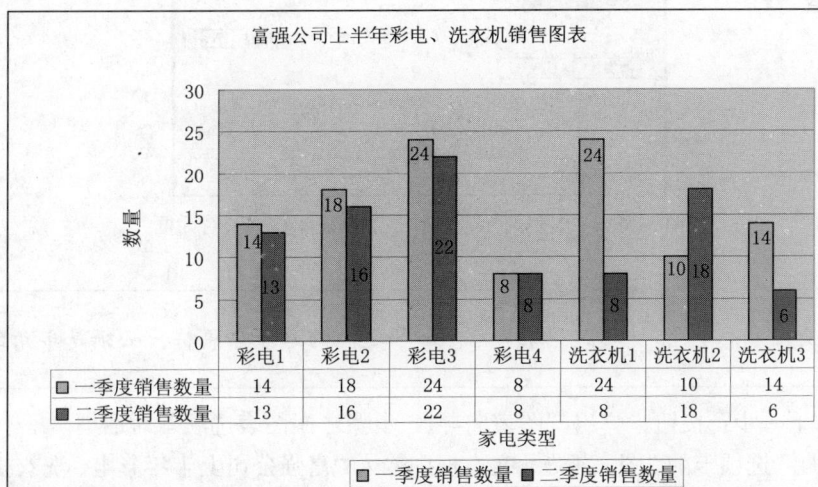

图 5.25 图表样图

创建图表的具体要求如下。

① 图表标题。富强公司上半年彩电、洗衣机销售图表；X 轴标题：家电类型；Y 轴标题：

数量。

② 图例。位于图表底部。

③ 数据标志。显示值。

④ 数据表。在图表下方显示带图例项标识的数据表。

⑤ 图表的位置。在当前工作表中。

创建图表的操作步骤如下。

a. 选定彩电和洗衣机第一季度、第二季度的销售数量，即（H4：H7）、（H13：H15）、（M4：M7）、（M13：M15）单元格区域。

b. 单击"常用"工具栏中的"图表向导"按钮，或选择"插入"|"图表"菜单命令，此时弹出"图表向导-4 步骤之 1-图表类型"对话框。

c. 在"标准类型"选项卡中选择图表类型为默认的柱形图；在"子图表类型"中选择默认的簇状柱形图。

d. 单击"下一步"按钮弹出"图表向导-4 步骤之 2-图表源数据"对话框。选择"系列"选项卡，在"系列 1"名称文本框中直接输入"一季度销售数量"，在"系列 2"名称文本框中直接输入"二季度销售数量"，在"分类（X）轴标志"文本框中直接输入"彩电 1，彩电 2，彩电 3，彩电 4，洗衣机 1，洗衣机 2，洗衣机 3"，如图 5.26 所示。

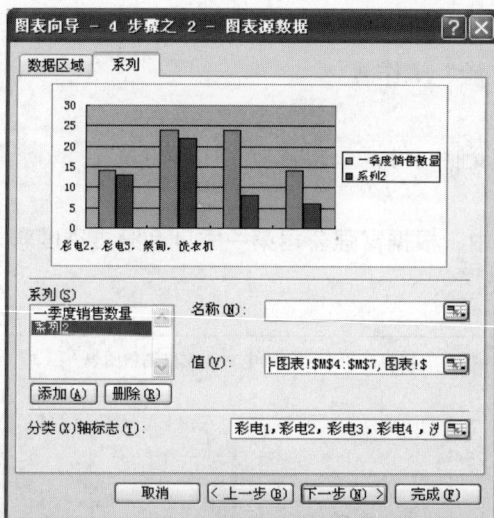

图 5.26 "图表向导-4 步骤之 2-图表源数据"对话框

> **注意**　输入"彩电 1，彩电 2，彩电 3，…"之间的逗号分隔符，必须是半角的逗号。

e. 单击"下一步"按钮，弹出"图表向导-4 步骤之 3-图表选项"对话框。

• 在"标题"选项卡的"图表标题"文本框中输入"富强公司上半年彩电、洗衣机销售图表"；"分类（X）轴"文本框中输入"家电类型"；"数值（Y）轴"文本框中直接输入"数量"。

• 在"图例"选项卡上，选择"显示图标"，位置选择"底部"。

• 在"数据标志"选项卡上。数据标志选择"显示值"。

• 在"数据表"选项卡，选择"显示数据表"、"显示图例项标示"。

　　f. 单击"下一步"按钮，弹出"图表向导-4 步骤之 4-图表位置"对话框。选择"作为其中的对象插入"在当前工作表中，完成嵌入式图表制作。

（4）编辑图表

对创建的"富强公司上半年彩电、洗衣机销售图表"进行编辑，具体操作如下。

① 设置图表标题的字体：隶书，18 磅。

② 将 X 轴、Y 轴标题放到如图 5.25 所示位置，并将字体、字号设置为宋体、10 磅，Y 轴标题文本方向水平放置。

③ 定义 Y 坐标轴刻度最大值为 25，最小值为 0，主要刻度单位是 4。

④ 设置数据表的字体、字号为宋体、10 磅。

⑤ 设置"一季度销售数量"数据系列的数据标志位置在"数据标记内"，"二季度销售数量"数据系列的数据标志位置"居中"，两个系列的数据标志的字体均为宋体，10 磅。

⑥ 设置图例格式：无边框，填充预设颜色"雨后初晴"，底纹式样为水平，变形 3。

⑦ 设置图表的边框为橙色、粗、圆角边框。

完成上述编辑后的图表，如图 5.25 所示。

（5）在图表中添加数据点

将加湿器一季度、二季度的销售数量添加到图表中，并按如图 5.28 所示修改 X 轴标志。

① 选定加湿器一季度和二季度销售数量单元格区域。

② 单击"常用"工具栏中的"复制"按钮。

③ 选定图表。

④ 选择"编辑"|"选择性粘贴"菜单命令，弹出"选择性粘贴"对话框，如图 5.27 所示。选择添加单元格为"新数据点"，数值（Y）轴在"列"，单击"确定"按钮。

⑤ 右击图表，在弹出的快捷菜单中选择"源数据"命令，打开"源数据"对话框，在"系列"选项卡中的"分类（X）轴标志"文本框中，在"洗衣机 3"文本后面添加"加湿器 1，加湿器 2，加湿器 3"文本。

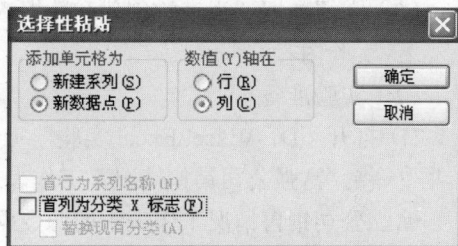

图 5.27　"选择性粘贴"对话框

（6）改变图表类型

将图表类型改为"堆积柱形图"，并修改图表标题为"富强公司上半年家电销售数量图表"，将 Y 轴刻度最大值改为 50，修改后的图表样式如图 5.28 所示。

（7）复制图表并改变图表位置为图表工作表

在当前工作表中复制一个已制作好的图表（见图 5.28），并将其中一个图表的位置改为图表工作表，该工作表名为"堆积柱形图"。

① 选定图表，然后按住 Ctrl 键拖动，即可复制一个图表。

② 在两个图表中，任意选定一个，右击打开快捷菜单（或通过"图表"下拉菜单），选择"位置"命令，打开"位置"对话框，确定将图表"作为新工作表插入"。

③ 修改工作表名为"堆积柱形图"。

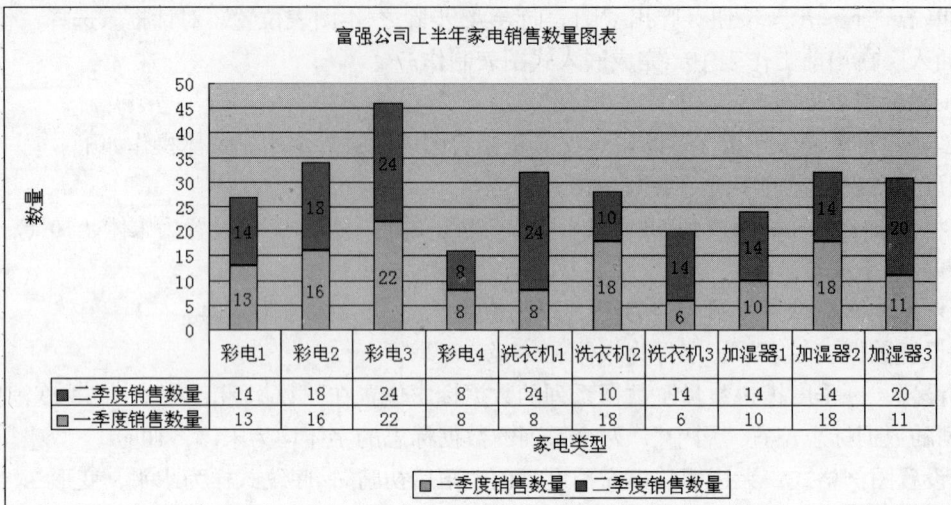

图 5.28　"堆积柱形图"图表样图

实验 10　Excel 的数据处理

1. 实验目的

（1）掌握 Excel 数据处理中"数据清单、记录、字段"等常用术语的含义。

（2）掌握记录排序、筛选和分类汇总的方法。

（3）掌握数据透视表的创建和数据透视图的编辑方法。

2. 实验内容

（1）实验准备

① 打开"D：\Excel\Excel 实验"工作簿。

② 将"富强公司销售情况"工作表复制一份，工作表改名为"数据处理-1"。

富强公司销售情况工作表中的源数据参看实验 8 的表 5-2。

（2）追加数据

在"数据处理-1"工作表已有数据之后追加以下记录。

产品类型	产品型号	单价（元）	生产厂家	出厂日期	一月~六月
彩电	L32R型	2800	海尔	2007年5月	3, 7, 5, 4, 6, 2
彩电	L26R型	2195	海尔	2007年6月	12, 15, 9, 7, 18, 10
彩电	L22R型	1999	海尔	2007年7月	10, 8, 4, 6, 13, 5
音响	MCD268	1850	PHILIPS	2007年9月	16, 21, 10, 8, 23, 12
音响	MCD196	1180	PHILIPS	2007年10月	21, 28, 19, 13, 30, 7

（3）填充数据

① 将追加记录中的联系电话按表中已有的厂家联系电话填充。

② 按已有规律填充追加记录的产品编码。

③ 计算追加记录的销售数量和销售额。

（4）复制工作表

将"数据处理-1"工作表复制 5 份，并将这 5 张工作表分别命名为"数据排序"、选项卡颜色为红色；"数据自动筛选"、选项卡颜色为橙色；"数据高级筛选"、选项卡颜色为黄色；"分类汇总"、选项卡颜色为绿色；"数据透视表"、选项卡颜色为蓝色。

（5）数据排序

在"数据排序"工作表中操作如下。

① 将现有的数据清单复制并粘贴到 A20 起始的单元格区域。

② 单字段排序，对 A2 起始的数据清单，按"销售额"字段降序排列。

将活动光标落到销售额字段任意一个单元格上，单击"常用"工具栏上的"降序排序"按钮。

③ 多字段排序。对 A20 起始的数据清单，以"产品类型"为主关键字、升序，"生产厂家"为次关键字、升序，"单价"为第三关键字、降序排列。

> **提示**　多字段排序，要选择"数据"|"排序"菜单命令，在"排序"对话框中进行相应设置。

④ 对 A2 起始的数据清单，按"产品编码"升序排序。

（6）数据的字段筛选

在"数据自动筛选"工作表中操作如下。

① 自动筛选单价低于 1900 元的彩电和洗衣机，并将筛选结果复制到以 A20 起始的单元格区域。

"产品类型"为彩电和洗衣机的"自定义自动筛选方式"对话框的设置如图 5.29 所示。

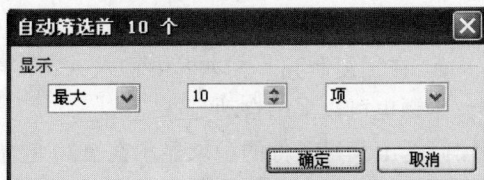

> **注意**　筛选结果复制的内容包括字段名。

筛选结果见图 5.31 中第 20～22 行。

② 恢复全部记录，但不取消每列标题旁的筛选箭头。

选择"数据"|"筛选"|"全部显示"菜单命令。

③ 自动筛选"海尔"生产、销售数量大于 30、销售额大于 5 万、小于等于 10 万元的产品记录，并将查找到的记录复制到以 A25 起始的单元格区域。

筛选结果见图 5.31 中第 25～27 行。

④ 恢复全部记录，但不取消每列标题旁的筛选箭头。

⑤ 自动筛选"销售数量"最低的 3 个产品记录，并将筛选结果复制到 A30 起始的单元格区域。使用"自动筛选前 10 个"对话框，如图 5.30 所示。

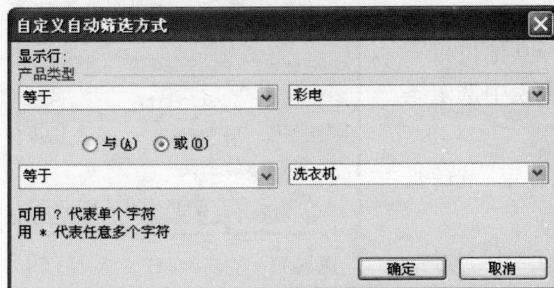

图 5.29　"自定义自动筛选方式"对话框　　　　图 5.30　"自动筛选前 10 个"对话框

筛选结果见图 5.31 中第 30～33 行。

⑥ 恢复全部记录，但不取消每列标题旁的筛选箭头。

⑦ 自动筛选一月销售数量最高的彩电产品，并将筛选结果复制到 A35 起始的单元格区域。筛选结果见图 5.31 中第 35～36 行。

	A	B	C	D	E	F	G	H	I	J	K	L	M	N	O
20	产品编码	产品类型	产品型号	单价（元）	生产厂家	出厂日期	联系电话	一月	二月	三月	四月	五月	六月	销售数量	销售额（元）
21	0001	彩电	型号-1	1668	PHILIPS	Jan-07	70350050	9	4	1	4	6	3	27	45036
22	0008	洗衣机	BC3改进型	1840	海尔	Aug-07	69990111	10	7	7	2	3	3	32	58880
23															
24															
25	产品编码	产品类型	产品型号	单价（元）	生产厂家	出厂日期	联系电话	一月	二月	三月	四月	五月	六月	销售数量	销售额（元）
26	0008	洗衣机	BC3改进型	1840	海尔	Aug-07	69990111	10	7	7	2	3	3	32	58880
27	0013	彩电	L22R型	1999	海尔	Jul-07	69990111	10	8	4	6	13	5	46	91954
28															
29															
30	产品编码	产品类型	产品型号	单价（元）	生产厂家	出厂日期	联系电话	一月	二月	三月	四月	五月	六月	销售数量	销售额（元）
31	0004	彩电	型号-4	2388	PHILIPS	Apr-07	70350050	0	6	2	2	2	4	16	38208
32	0005	加湿器	YC-B740	688	亚都	May-07	30118765	8	5	1	6	2	2	24	16512
33	0010	洗衣机	BC5世纪型	2280	海尔	Oct-07	69990111	8	5	1	4	1		20	45600
34															
35	产品编码	产品类型	产品型号	单价（元）	生产厂家	出厂日期	联系电话	一月	二月	三月	四月	五月	六月	销售数量	销售额（元）
36	0012	彩电	L26R型	2195	海尔	Jun-07	69990111	12	15	9	7	18	10	71	155845

图 5.31　自动筛选结果样图

（7）撤销自动筛选

选择"数据"|"筛选"|"自动筛选"菜单命令，撤销"自动筛选"项的打"√"。

（8）数据高级筛选

在"数据高级筛选"工作表中：

① 筛选"出厂日期为 2007 年 6 月，销售数量大于 30，销售数量小于 3 万"的产品记录，并将筛选结果复制到 A20 单元格。

说明：

a. 进行高级筛选之前，首先要在当前工作表的任意空白区域输入筛选条件。

b. 条件区域的字段名从数据清单中复制，并放置在一行上。

c. 本题的筛选条件如图 5.32 所示。

出厂日期	出厂日期	销售数量	销售额（元）
>=2007-6-1	<=2007-6-30	>30	<30000

图 5.32　高级筛选条件

d. 条件定义好后，将鼠标落到数据清单任意单元格，选择"数据"|"筛选"|"高级筛选"菜单命令，弹出"高级筛选"对话框，如图 5.33 所示。

e. 在对话框中选择方式为"将筛选结果复制到其他位置"。

f. 利用"条件区域"文本框切换按钮，到工作表中选定条件区域。

g. 在"复制到"文本框中输入 A20，单击"确定"按钮。本题也可以采用自动筛选完成。

筛选出满足条件的记录显示在 A20 起始的单元格区域中，结果见图 5.35 中第 20～21 行。

② 高级筛选"洗衣机、单价低于 2000 元，彩电、单价高于 2000 元，销售数量均大于 30"的产品记录，并将筛选结果复制到工作表的 A23 单元格。

定义高级筛选条件：见图 5.34（a）。筛选出满足条件的记录，如图 5.35 中第 23～26 行。

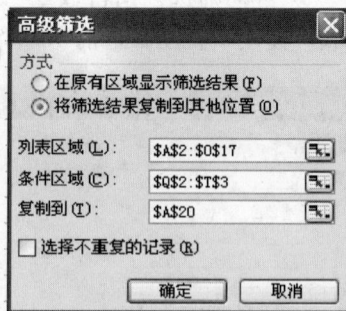

图 5.33　"高级筛选"对话框

 注意　高级筛选必须将字段名输入在条件区域的同一行上；在字段名下，同一行为满足逻辑"与"的条件，不同行为满足逻辑"或"的条件。

③ 高级筛选"出厂日期为 2007 年 5 月（包含 5 月）之前，销售数量大于 30，或亚都生产，销售数量小于 30"的产品记录，并将筛选结果复制到 A28 起始的单元格区域。

定义高级筛选条件：如图 5.34（b）所示，筛选出满足条件的记录，如图 5.35 中第 28～31 行。

产品类型	单价（元）	销售数量
洗衣机	<2000	>30
彩电	>2000	>30

（a）

生产厂家	出厂日期	销售数量
亚都		<30
	<=2007-5-31	>30

（b）

图 5.34　定义筛选条件

	A	B	C	D	E	F	G	H	I	J	K	L	M	N	O
20	产品编码	产品类型	产品型号	单价（元）	生产厂家	出厂日期	联系电话	一月	二月	三月	四月	五月	六月	销售数量	销售额（元）
21	0006	加湿器	YC-B741	808	亚都	Jun-07	30118765	6	8	0	5	7	6	32	25856
22															
23	产品编码	产品类型	产品型号	单价（元）	生产厂家	出厂日期	联系电话	一月	二月	三月	四月	五月	六月	销售数量	销售额（元）
24	0003	彩电	型号-3	2148	PHILIPS	Mar-07	70350050	10	10	4	7	9	6	46	98808
25	0008	洗衣机	BC3改进型	1840	海尔	Aug-07	69990111	10	7	7	2	3	3	32	58880
26	0012	彩电	L26R型	2195	海尔	Jun-07	69990111	12	15	9	7	18	10	71	155845
27															
28	产品编码	产品类型	产品型号	单价（元）	生产厂家	出厂日期	联系电话	一月	二月	三月	四月	五月	六月	销售数量	销售额（元）
29	0002	彩电	型号-2	1908	PHILIPS	Feb-07	70350050	8	7	3	4	8	4	34	64872
30	0003	彩电	型号-3	2148	PHILIPS	Mar-07	70350050	10	10	4	7	9	6	46	98808
31	0005	加湿器	YC-B740	688	亚都	May-07	30118765	8	5	1	6	2	2	24	16512
32															
33	产品编码	产品类型	产品型号	单价（元）	生产厂家	出厂日期	联系电话	一月	二月	三月	四月	五月	六月	销售数量	销售额（元）
34	0004	彩电	型号-4	2388	PHILIPS	Apr-07	70350050	0	6	2	2	2	4	16	38208
35	0006	加湿器	YC-B741	808	亚都	Jun-07	30118765	6	8	0	5	7	6	32	25856
36	0009	洗衣机	BC4智能型	2060	海尔	Sep-07	69990111	8	2	0	6	8	4	28	57680
37															
38	产品类型	产品型号	出厂日期	销售数量											
39	加湿器	YC-B741	Jun-07	32											
40	加湿器	YC-B742	Jun-07	31											
41	彩电	L22R型	Jul-07	46											

图 5.35　高级筛选结果样图

（9）分类汇总操作

在"分类汇总"工作表中进行如下操作。

① 分类汇总不同产品类型的"销售数量"及"销售额"之和。

a. 首先将数据库清单按照分类字段"产品类型"排序。

b. 选择"数据"|"分类汇总"菜单命令，弹出"分类汇总"对话框，如图 5.36 所示。

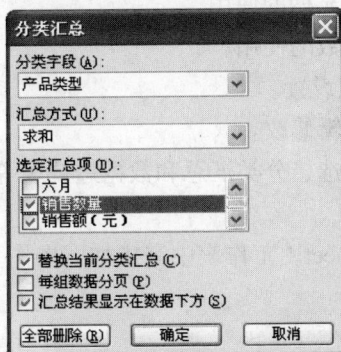

图 5.36　"分类汇总"对话框

c. 分类字段选择"产品类型"，汇总方式选择"求和"，选汇总项为"销售数量"、"销售额"，选中"替换当前分类汇总"及"汇总结果显示在数据下方"选框。

d. 单击"确定"按钮，查看分类汇总结果。

e. 使用分级显示区按钮，查看汇总结果。

分类汇总前，必须对数据清单按照分类字段进行排序。

② 在完成的分类汇总基础上继续分类汇总：按产品类型统计产品个数。

在分类汇总对话框中，分类字段仍为"产品类型"，汇总方式选择"计数"，选定汇总项为"产品型号"，取消"替换当前分类汇总"复选框，分类汇总的结果参看图 5.37 所示。

	A 产品编码	B 产品类型	C 产品型号	D 单价(元)	E 生产厂家	F 出厂日期	G 联系电话	H 一月	I 二月	J 三月	K 四月	L 五月	M 六月	N 销售数量	O 销售额(元)
1	富强公司上半年商品销售表														
3	0001	彩电	型号-1	1668	PHILIPS	Jan-07	70350050	9	4	1	4	6	3	27	45036
4	0002	彩电	型号-2	1908	PHILIPS	Feb-07	70350050	8	7	3	4	8	4	34	64872
5	0003	彩电	型号-3	2148	PHILIPS	Mar-07	70350050	10	10	4	7	9	6	46	98808
6	0004	彩电	型号-4	2388	PHILIPS	Apr-07	70350050	0	6	2	2	2	4	16	38208
7	0011	彩电	L32R型	2800	海尔	May-07	69990111	3	7	5	4	6	2	27	75600
8	0012	彩电	L26R型	2195	海尔	Jun-07	69990111	12	15	9	7	18	10	71	155845
9	0013	彩电	L22R型	1999	海尔	Jul-07	69990111	10	8	4	6	13	5	46	91954
10		彩电 汇总												267	570323
11		彩电 计数		7											
12	0005	加湿器	YC-B740	688	亚都	May-07	30118765	8	5	1	6	2	2	24	16512
13	0006	加湿器	YC-B741	808	亚都	Jun-07	30118765	6	8	0	5	7	6	32	25856
14	0007	加湿器	YC-B742	928	亚都	Jul-07	30118765	10	9	1	5	6	0	31	28768
15		加湿器 汇总												87	71136
16		加湿器 计数		3											
17	0008	洗衣机	BC3改进型	1840	海尔	Aug-07	69990111	10	7	7	2	3	3	32	58880
18	0009	洗衣机	BC4智能型	2060	海尔	Sep-07	69990111	8	2	0	4	6	8	28	57680
19	0010	洗衣机	BC5世纪型	2280	海尔	Oct-07	69990111	8	5	1	1	4	1	20	45600
20		洗衣机 汇总												80	162160
21		洗衣机 计数		3											
22	0014	音响	MCD268	1850	PHILIPS	Sep-07	70350050	16	21	10	8	23	12	90	166500
23	0015	音响	MCD196	1180	PHILIPS	Oct-07	70350050	21	28	19	13	30	7	118	139240
24		音响 汇总												208	305740
25		音响 计数		2											
26		总计												642	1109359
27		总计数		15											

图 5.37 按"产品类型"分类汇总"销售数量"和"销售额"总和以及产品种类

③ 取消分类汇总。

选择"数据" | "分类汇总"菜单命令，在分类汇总对话框中单击"全部删除"按钮。

实验 11 Excel 综合实验

1. 实验目的

（1）掌握 Excel 数据输入和填充柄的使用。

（2）掌握 Excel 公式和常用函数的使用。

（3）掌握工作表的编辑和格式设置。

（4）掌握 Excel 图标制作和编辑修改。

（5）掌握 Excel 数据排序、筛选、分类汇总和数据透视表等操作。

2. 实验内容

新建一个 Excel 工作簿，在 Sheet 1 工作表中完成如下操作。

（1）输入数据

按照如图 5.38 所示输入数据。

	A	B	C	D	E	F	G	H
1	姓 名	性别	系 别	籍 贯	出生日期	英 语	数 学	计算机
2	张晓林	男	计算机系	唐山	1988-12-7	76	58	91
3	王强	男	建筑系	保定	1989-1-22	67	98	87
4	高文博	男	建筑系	石家庄	1987-8-8	75	64	88
5	刘丽冰	女	计算机系	唐山	1988-12-6	56	67	78
6	李雅芳	女	建筑系	张家口	1989-6-29	76	75	52
7	张欣华	女	电子系	保定	1990-3-21	91	86	74
8	曹雨生	男	电子系	张家口	1987-2-10	78	65	95
9	李芳	女	电子系	张家口	1988-5-21	97	89	90
10	徐志华	男	电子系	唐山	1989-8-18	81	98	91
11	李晓力	男	计算机系	保定	1987-2-28	69	87	78
12	罗明	男	计算机系	石家庄	1988-7-20	90	78	67
13	段平	男	建筑系	石家庄	1989-4-30	79	91	75
14	程东平	男	建筑系	石家庄	1992-3-18	65	52	76
15	韩莎莎	女	建筑系	唐山	1988-1-16	67	70	50
16	何雷	男	计算机系	张家口	1991-1-24	85	80	85
17	黄小菲	女	电子系	保定	1989-4-21	87	68	84
18	贾莲春	女	电子系	石家庄	1989-11-15	95	83	80
19	康敏	男	建筑系	保定	1990-6-9	58	54	58
20	李茜	女	计算机系	石家庄	1991-10-14	85	72	82

图 5.38 源数据示意图

（2）工作表编辑和复制

① 在“姓名”前增加“学号”列，学号依次为“2009001，2009002，2009003…”。

② 在第一行前插入 1 行，输入标题“学生基本情况”。

③ 将当前工作表复制 5 份，并将这 6 张具有相同数据的工作表，依次命名为：“学生基本情况”、“格式设置”、“数据排序”、“数据筛选”、“分类汇总”、“数据透视表”。自行设置这 6 张工作表选项卡颜色。

（3）保存当前工作簿

将当前工作簿保存到 D：\Excel 中，文件名为“Excel 综合实验”。

（4）公式和函数的应用

对“Excel 综合实验”工作簿中的“格式设置”工作表进行下列操作。

① 在表的最后，增加“奖学金”列，并按下列要求自动填充“奖学金”列。

三科成绩之和≥270，为“一等”奖学金；270>三科成绩之和≥240，为“二等”奖学金；可以利用 IF 函数自动填充。

② 在“出生日期”列后增加“年龄”列，按“=（today（）—出生日期）/365”自动填充，无小数。

③ 在表格最后一行后面，增加“平均值”、“最大值”两行，并分别求出年龄和各科成绩的平均值和最大值。

（5）格式设置

在格式设置工作表中，进行下列操作。

① 将 A1：K1 合并居中，A22：F22 合并居中，A23：F23 合并居中。

② 将工作表中成绩≥90 分的，以粗体、红色、12.5%灰色底纹图案显示；成绩不及格的，以粗体、倾斜、蓝色、单下划线显示。

提示　首先选定进行格式设置的数据区域（H3：J21），选择“格式”|“条件格式”菜单命令，打开“条件格式”对话框完成。

③ 在荣获一等奖学金的学生功能的姓名处插入批注“荣获一等奖学金”。

④ 将第一行表格标题设置为“隶书、28 磅”，行高为最适合的行高。

⑤ 将“姓名、性别、年龄、英语、数学、计算机、奖学金”列设置为水平居中，最适合的列宽。

⑥ 将表格 A2：K23 数据区添加内、外边框线。

⑦ 将表格中的第二行（列标题）的下边框线设置为双线。

完成上述设置的表格如图 5.39 所示。

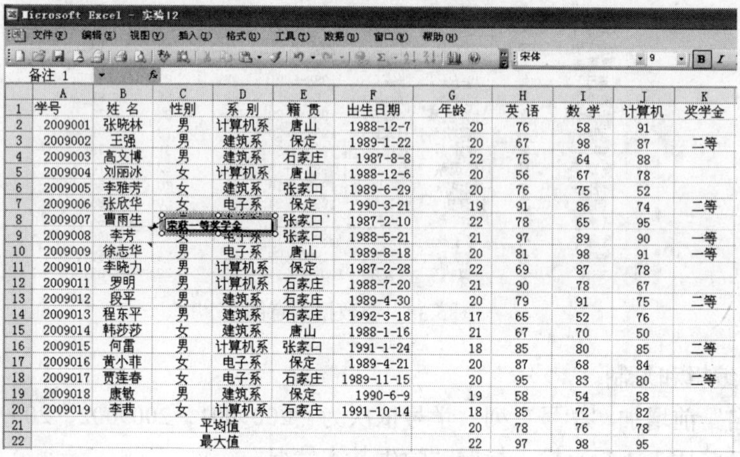

	A	B	C	D	E	F	G	H	I	J	K
1	学号	姓 名	性别	系 别	籍 贯	出生日期	年龄	英 语	数 学	计算机	奖学金
2	2009001	张晓林	男	计算机系	唐山	1988-12-7	20	76	58	91	
3	2009002	王强	男	建筑系	保定	1989-1-22	20	67	98	87	二等
4	2009003	高文博	男	建筑系	石家庄	1987-8-8	22	75	64	88	
5	2009004	刘丽冰	女	计算机系	唐山	1988-12-6	20	56	67	78	
6	2009005	李雅芳	女	建筑系	张家口	1989-6-29	20	76	75	52	
7	2009006	张欣华	女	电子系	保定	1990-3-21	19	91	86	74	二等
8	2009007	曹雨生	[illegible]	[illegible]	张家口	1987-2-10	22	78	65	95	
9	2009008	李芳	女	电子系	张家口	1988-5-21	21	97	89	90	一等
10	2009009	徐志华	男	电子系	唐山	1989-8-18	20	81	98	91	一等
11	2009010	李晓力	男	计算机系	保定	1987-2-28	22	69	87	78	
12	2009011	罗明	男	计算机系	石家庄	1988-7-20	21	90	78	67	
13	2009012	段平	男	建筑系	石家庄	1989-4-30	20	79	91	75	二等
14	2009013	程东平	男	建筑系	石家庄	1992-3-18	17	65	52	76	
15	2009014	韩莎莎	女	建筑系	唐山	1988-1-16	21	67	70	50	
16	2009015	何雷	男	计算机系	张家口	1991-1-24	18	85	80	85	二等
17	2009016	黄小菲	女	电子系	保定	1989-4-21	20	87	68	84	
18	2009017	贾莲春	女	电子系	石家庄	1989-11-15	20	95	83	80	二等
19	2009018	康敏	男	建筑系	保定	1990-6-9	19	58	54	58	
20	2009019	李茜	女	计算机系	石家庄	1991-10-14	18	85	72	82	
21				平均值			20	78	76	78	
22				最大值			22	97	98	95	

图 5.39 格式设置样图

（6）页面设置

在格式设置工作表中进行页面设置。

① 在页眉的中心区，输入页眉“Excel 综合实验——格式设置”、字体仿宋、10 磅、加粗倾斜、带双下划线。

② 在页脚的中心区，输入页脚“—&[页码]—”。

③ A4 纸，页面方向“横向”。

④ 设置完毕，打开预览。

（7）数据排序

在数据排序工作表中，进行下列操作。

① 按出生日期降序排列。

② 按学号升序排列。

③ 按笔画排序，主要关键字“系列”升序、次要关键字“性别”升序、第三关键字“籍贯”升序排列。排序结果如图 5.40 所示。

	A	B	C	D	E	F	G	H	I	J	K
1	学生基本情况										
2	学号	姓 名	性别	系 别	籍 贯	出生日期	年龄	英 语	数 学	计算机	奖学金
3	2009019	李茜	女	计算机系	石家庄	1991-10-14	18	85	72	82	
4	2009004	刘丽冰	女	计算机系	唐山	1988-12-6	20	56	67	78	
5	2009011	罗明	男	计算机系	石家庄	1988-7-20	21	90	78	67	
6	2009015	何雷	男	计算机系	张家口	1991-1-24	18	85	80	85	二等
7	2009010	李晓力	男	计算机系	保定	1987-2-28	22	69	87	78	
8	2009001	张晓林	男	计算机系	唐山	1988-12-7	20	76	58	91	
9	2009017	贾莲春	女	电子系	石家庄	1989-11-15	20	95	83	80	二等
10	2009008	李芳	女	电子系	张家口	1988-5-21	21	97	89	90	一等
11	2009006	张欣华	女	电子系	保定	1990-3-21	19	91	86	74	二等
12	2009016	黄小菲	女	电子系	保定	1989-4-21	20	87	68	84	
13	2009007	曹雨生	男	电子系	张家口	1987-2-10	22	78	65	95	
14	2009009	徐志华	男	电子系	唐山	1989-8-18	20	81	98	91	一等
15	2009005	李雅芳	女	建筑系	张家口	1989-6-29	20	76	75	52	
16	2009014	韩莎莎	女	建筑系	唐山	1988-1-16	21	67	70	50	
17	2009003	高文博	男	建筑系	石家庄	1987-8-8	22	75	64	88	
18	2009012	段平	男	建筑系	石家庄	1989-4-30	20	79	91	75	二等
19	2009013	程东平	男	建筑系	石家庄	1992-3-18	17	65	52	76	
20	2009002	王强	男	建筑系	保定	1989-1-22	20	67	98	87	二等
21	2009018	康敏	男	建筑系	保定	1990-6-9	19	58	54	58	

图 5.40 排序结果样图

④ 根据计算机系学生的三科成绩制作如图 5.41 所示的嵌入式折线图表。

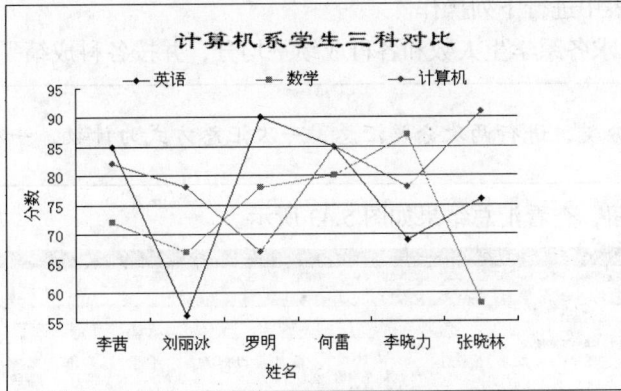

图 5.41　折线图表样图

要求：

a. 按如图 5.41 所示定义图表标题、分类轴标题和数值轴标题。图表标题为隶书、20 磅。

b. 按如图 5.41 所示定义图例位置靠上、无边框。

c. 绘图区无填充色。

d. 三条折线均为平滑线，计算机成绩曲线的数据编辑样式为圆形 "●"（数学成绩曲线的数据标记为正方形 "■"，英语成绩曲线的数据标记为菱形 "◆"），数据系列的顺序为数学、英语、计算机。

e. 数值轴刻度的最小值为 55、最大值为 95、主要刻度为 5。

（8）数据筛选

在数据筛选工作表中进行下列操作。

① 筛选各科成绩最高分的学生记录，将结果复制到 A25 起始的单元格。

② 高级筛选计算机系有不及格成绩的学生记录，将结果复制到 A31 起始的单元格。

③ 练习用自动筛选和高级筛选两种方法筛选姓李或姓张、1988 年出生的学生记录，将结果复制到 A9 起始的单元格。

④ 练习用自动筛选和高级筛选两种方法筛选计算机系或电子系、籍贯唐山的男生记录，将结果复制到 A43 起始的单元格。

⑤ 完成上述筛选的结果如图 5.42 所示。

	A	B	C	D	E	F	G	H	I
25	学号	姓 名	性别	系 别	籍 贯	出生日期	英语	数学	计算机
26	2009002	王强	男	建筑系	保定	1989-1-22	67	98	87
27	2009007	曹雨生	男	电子系	张家口	1987-2-10	78	65	95
28	2009008	李芳	女	电子系	张家口	1988-5-21	97	89	90
29	2009009	徐志华	男	电子系	唐山	1989-8-18	81	98	91
30									
31	学号	姓 名	性别	系 别	籍 贯	出生日期	英语	数学	计算机
32	2009001	张晓林	男	计算机系	唐山	1988-12-7	76	58	91
33	2009004	刘丽冰	女	计算机系	唐山	1988-12-6	56	67	78
34									
35	学号	姓 名	性别	系 别	籍 贯	出生日期	英语	数学	计算机
36	2009001	张晓林	男	计算机系	唐山	1988-12-7	76	58	91
37	2009008	李芳	女	电子系	张家口	1988-5-21	97	89	90
38									
39	学号	姓 名	性别	系 别	籍 贯	出生日期	英语	数学	计算机
40	2009001	张晓林	男	计算机系	唐山	1988-12-7	76	58	91
41	2009009	徐志华	男	电子系	唐山	1989-8-18	81	98	91
42									
43	学号	姓 名	性别	系 别	籍 贯	出生日期	英语	数学	计算机
44	2009018	康敏	男	建筑系	保定	1990-6-9	58	54	58

图 5.42　筛选结果样图

（9）分类汇总

在分类汇总工作表中进行下列操作。

① 按系别分类，求各系学生人数和各科成绩平均分，并按各科成绩平均分保留两位小数。

说明 按系别分类，进行两次分类汇总，一次汇总方式为计数，一次汇总方式为平均值。

单击分级显示按钮，查看汇总结果如图 5.43 所示。

图 5.43　2 级分类汇总结果样图

② 根据分类汇总结果，制作如图 5.44 所示的嵌入式柱形图表。

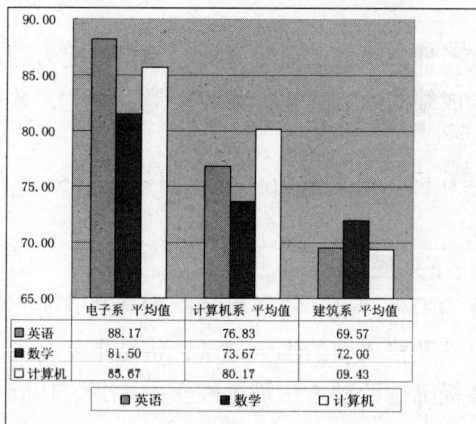

图 5.44　图表样图

（10）数据透视表

在数据透视表工作表中进行下列操作。

以"系别"为页字段，"性别"为行字段，"姓名"为列字段，求和数据项为 "英语"、"数学"、"计算机"，在当前工作表的任意空白区域制作数据透视表，并将数据透视表自动套用格式"表2"，效果如图 5.45 所示。

图 5.45　数据透视表样图

（11）保存上述操作，退出 Excel。

实验 12 PowerPoint 的基本操作

1. 实验目的

（1）掌握创建演示文稿的基本过程。

（2）掌握幻灯片中的文字、图形的编辑方法。

（3）掌握组织结构图的制作方法。

（4）掌握项目符号的设置方法。

（5）掌握幻灯片应用设计模板、版式、背景的设置方法。

（6）掌握幻灯片的放映方法。

2. 实验内容

（1）新建文稿

启动 PowerPoint，新建"演示文稿 1.ppt"，保存至 D:\Experiment\PowerPoint 文件夹中。

（2）幻灯片制作

① 1 号幻灯片的编辑。

a. 输入文本，内容如图 5.46 所示。

b. 将标题字体设置为：华文行楷，60 号，蓝色；副标题设置为：华文新魏，40 号。

② 2 号幻灯片的编辑。

a. 选择"插入"|"新幻灯片"菜单命令，插入新的幻灯片。

b. 选择"格式"|"幻灯片版式"菜单命令，打开幻灯片版式窗格，将其版式改为"标题、文本与剪贴画"。

c. 在左侧文本框中输入文字，添加标题，内容如图 5.47 所示。

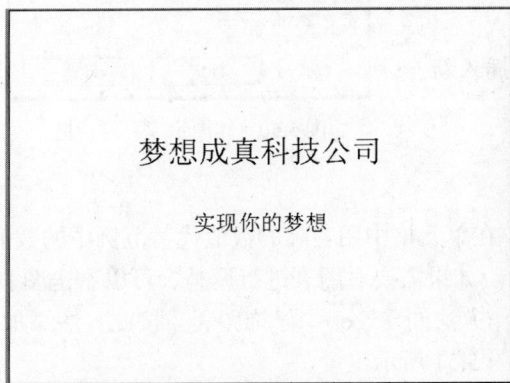

图 5.46　1 号幻灯片

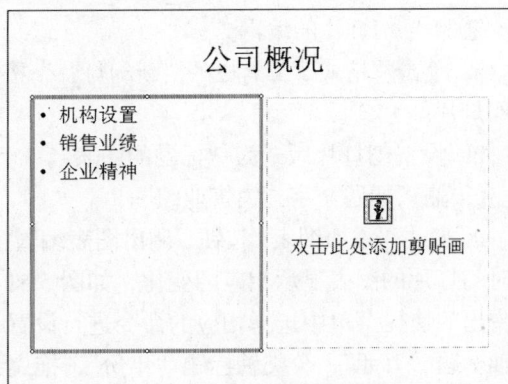

图 5.47　2 号幻灯片

d. 选择输入的 3 行文字，选择"格式"|"行距"菜单命令，将行距设置为 2 行。

e. 选择输入的 3 行文字，选择"格式"|"项目符号和编号"菜单命令，选择第 2 行第 3 列的项目符号，并将其颜色设置为蓝色。

f. 在右侧图片框中双击"插入剪贴画"按钮，打开"选择图片"对话框，输入搜索文字"科技"，如图 5.48 所示，选择一张剪贴画插入到幻灯片。

③ 3 号幻灯片的编辑。

a. 单击"格式"工具栏的"新幻灯片"按钮，插入新的幻灯片。

b. 设置幻灯片版式为"标题和图片或组织结构图"。如图 5.49 所示为制作组织结构图。

图 5.48 "选择图片"对话框

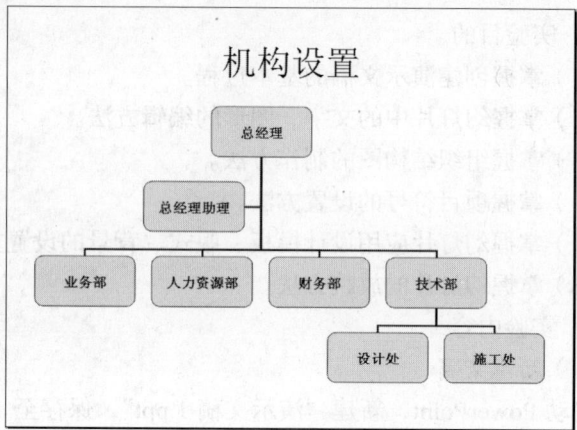

图 5.49 3 号幻灯片

c. 双击"添加图示或组织结构图"按钮，在打开的"图示库"对话框中选择"组织结构图"，如图 5.50 所示。

d. 单击"确定"按钮，打开组织结构图的编辑环境，通过"组织结构图"工具栏的"插入形状"下拉列表框，选择助手、下属、同事将各个职能部门添加到组织结构图中，再将各部门名称输入到相应位置。

e. 单击组织结构图占位符，利用"格式"工具栏将其字体设置为黑体、18 号字。

④ 4 号幻灯片的编辑。

a. 单击"格式"工具栏的"新幻灯片"按钮，插入新的幻灯片。

b. 设置幻灯片版式为"标题的图表"。

c. 输入标题文字"销售业绩"。

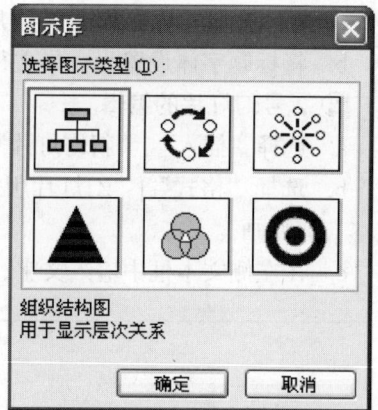

图 5.50 "图示库"对话框

d. 双击"添加图表"按钮，调出图表编辑窗口，在单元格中用实际的数值代替范例中的数值，同时幻灯片的图表显示相应的变化，如图 5.51 所示。如果需要对图表进行调整，可以右击图表，在弹出的快捷菜单中选择相应的命令进行设置，操作方法同 Excel 中修饰图表。按此方法添加数值轴标题"万元"，分类轴标题"年份"，拖曳到如图 5.51 所示位置。

⑤ 5 号幻灯片的编辑。

a. 单击"格式"工具栏的"新幻灯片"按钮，插入新的幻灯片。

b. 设置幻灯片版式为"空白"。

c. 单击绘图工具栏中的"插入艺术字"按钮，弹出"艺术字库"对话框，采用艺术字库中第 3 行第 4 列的样式。输入文字"诚信！奉献！创新！"，设置字体为楷体。

d. 调整艺术字的位置和大小，效果如图 5.52 所示。

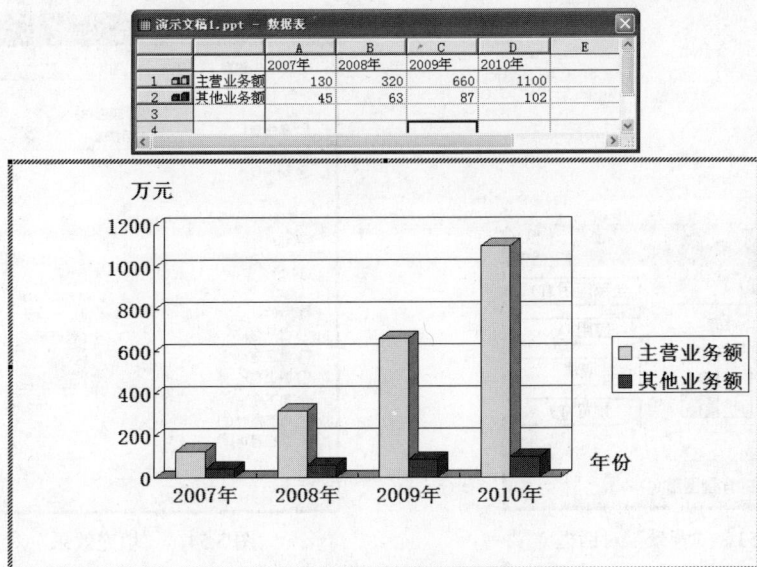

图 5.51　编辑图表

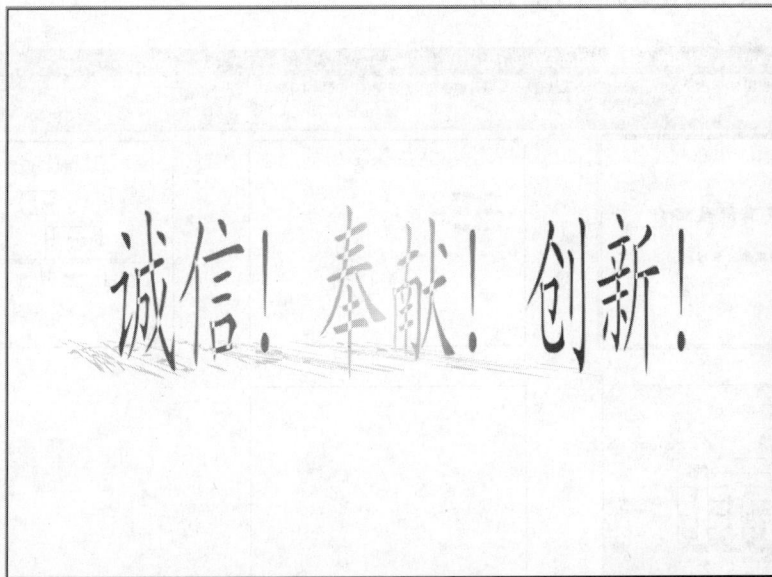

图 5.52　5 号幻灯片

（3）幻灯片的美化

① 应用设计模板。单击"格式"工具栏的"幻灯片设计"按钮，在右侧弹出的任务窗格中选择"设计模板"，在"应用设计模板"列表中找到模板样式"吉祥如意"，单击右侧下拉箭头，从中选择"应用于所有幻灯片"。

② 设置背景。选择第 4 张幻灯片，右击空白处，在弹出的快捷菜单中选择"背景"，打开"背景"对话框，选中"忽略母版的背景图形"复选框，如图 5.53 所示。单击"背景填充"下拉按钮，在"填充效果"对话框中单击"渐变"，颜色选择"预设颜色"的"雨后初晴"，底纹样式为"从标题"，选择"变形 2"，如图 5.54 所示。单击"确定"按钮后返回"背景"对话框，单击"应用"按钮。

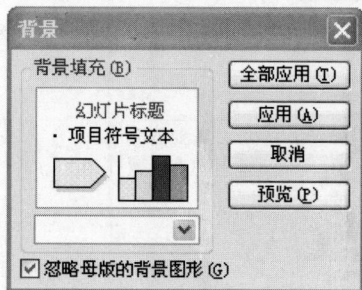

图 5.53 "背景"对话框

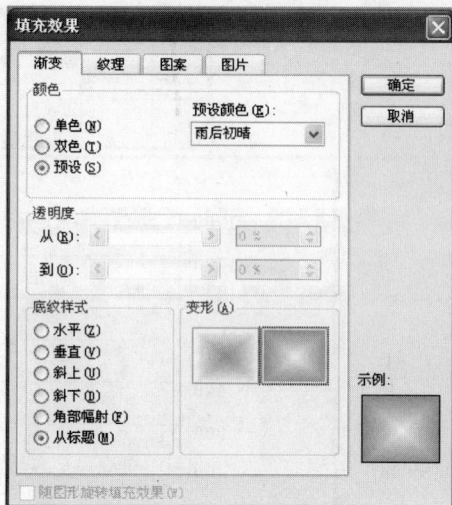

图 5.54 "填充效果"对话框

（4）演示文稿的放映

完成后的演示文稿效果如图 5.55 所示。

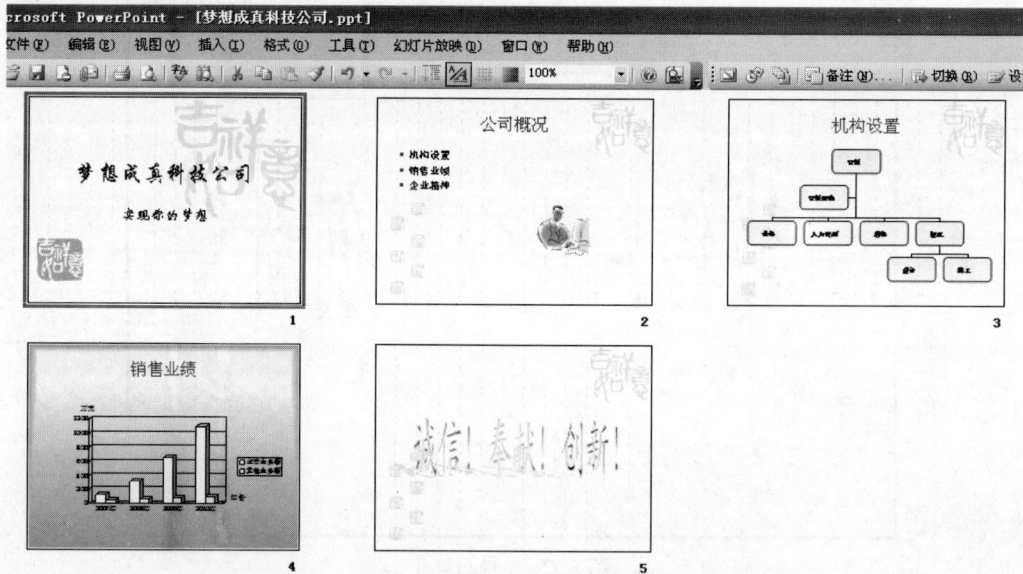

图 5.55 演示文稿效果

选择"幻灯片放映"|"观看放映"菜单命令，观看幻灯片的播放效果。

（5）演示文稿的保存

将演示文稿以"梦想成真科技公司.ppt"为文件名，另存至 D:\Experiment\PowerPoint 文件夹中。

实验 13 PowerPoint 的高级应用

1. 实验目的

（1）掌握母版的修改方法。

（2）掌握超链接和动作按钮的设置。

（3）掌握幻灯片中对象的动画设置。

（4）掌握音频文件的插入方法。

（5）掌握幻灯片切换效果的设置。

2．实验内容

打开 D:\Experiment\PowerPoint\梦想成真科技公司.ppt 演示文稿。

（1）母版的修改

将演示文稿的标题样式更改为"隶书"、48 磅，文本样式更改为"楷体-GB2312"。

① 选择"视图"|"母版"|"幻灯片母版"菜单命令，打开母版编辑窗口，如图 5.56 所示。

② 单击母版"单击此处编辑母版标题样式"占位符，通过"格式"工具栏将字体设置为"隶书"，48 号字 。

③ 单击母版"单击此处编辑母版文本样式"占位符，将字体设置为"楷体_GB2312"。

④ 单击"母版"工具栏中"关闭母版视图"按钮，返回到幻灯片编辑窗口。浏览幻灯片，观察各幻灯片中文本的变化是否与母版的设定一致。

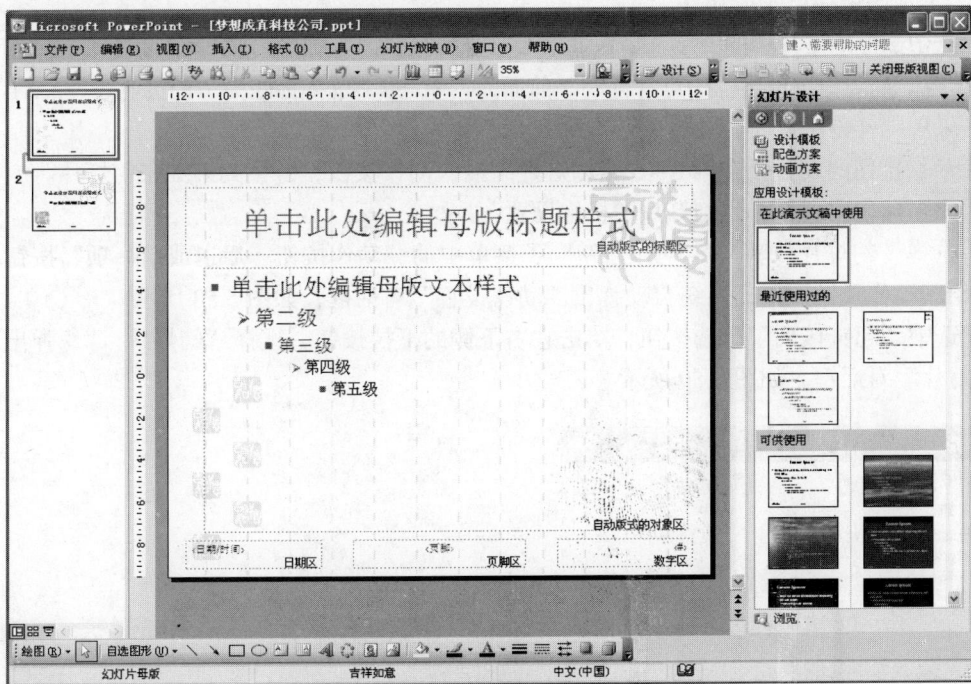

图 5.56 母版编辑窗口

（2）超链接与动作按钮的设置

① 超链接设置。将 2 号幻灯片中的文字"机构设置"与第 3 张幻灯片、"销售业绩"与第 4 张幻灯片、"企业精神"与第 5 张幻灯片建立超链接。

a．选中 2 号幻灯片中的文字"机构设置"，选择"插入"|"超链接"菜单命令，弹出编辑超链接对话框。

b．单击对话框左侧的"本文档中的位置"按钮，在"请选择文档中的位置"列表框中出现"梦想成真科技公司.ppt"演示文稿的结构，选择"下一张幻灯片"，右侧的"幻灯片预览"框中出现该幻灯片的外观，如图 5.57 所示。

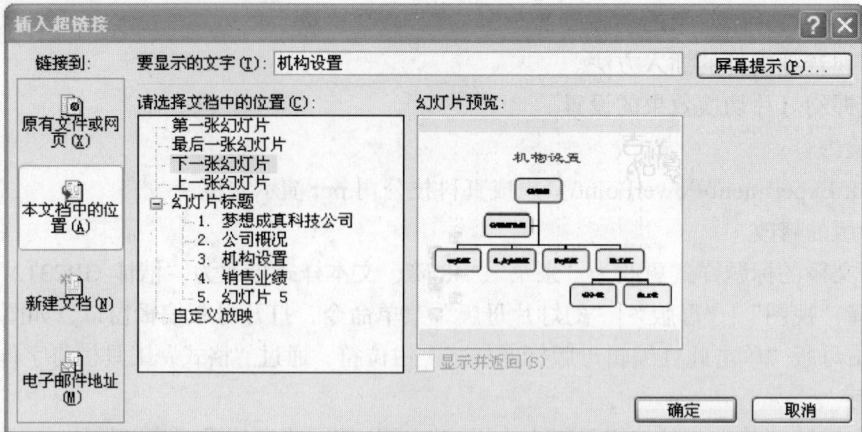

图 5.57　"编辑超链接"对话框

c. 单击"确定"按钮，返回普通视图，"机构设置"文字下出现下划线，并且字体颜色也发生变化，表示超链接设置成功。

d. 选中 2 号幻灯片中的文字"销售业绩"，选择"插入"|"超链接"菜单命令，在"请选择文档中的位置"列表框中单击"幻灯片标题"前面的"+"号，选择标题为"销售业绩"的幻灯片。

e. 采用同样方法为"企业精神"与第 5 张幻灯片建立超链接。

② 动作按钮的设置。在第 3～5 张幻灯片中插入动作按钮，链接到第 2 张幻灯片。

a. 将光标定位到第 3 张幻灯片"机构设置"。

b. 选择"幻灯片放映"|"动作按钮"子菜单中的"动作按钮：后退或前一项"按钮，在幻灯片中绘制动作按钮图形，系统自动弹出"动作设置"对话框，如图 5.58 所示。

c. 选中"超链接到"单选按钮，单击它右下侧的下拉按钮，选择"幻灯片..."，弹出"超链接到幻灯片"对话框，如图 5.59 所示。

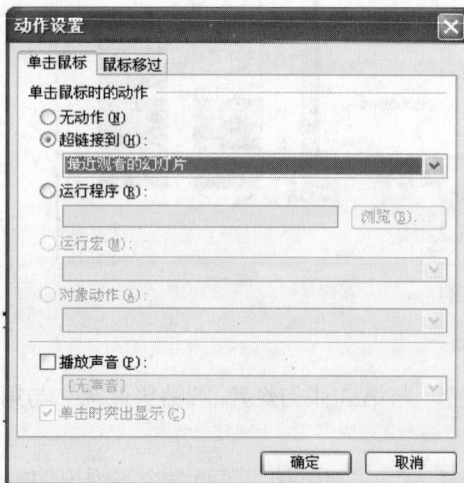

图 5.58　"动作设置"对话框

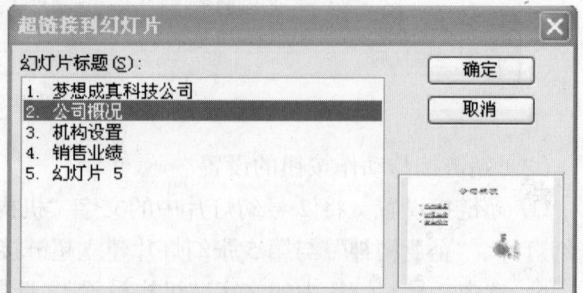

图 5.59　"超链接到幻灯片"对话框

d. 在"幻灯片标题"列表框内选择"公司概况"，右侧出现该标题的幻灯片外观，然后单击"确定"按钮返回到"动作设置"对话框，观察对话框内变化。

e. 单击"确定"按钮，返回普通视图。

f. 分别在"销售业绩"和"幻灯片 5"中插入指向"公司概况"幻灯片的动作按钮。

放映幻灯片，将鼠标指向动作按钮，观察鼠标指针变化，检验所有动作按钮设置是否正确。

（3）配色方案的修改

修改系统的配色方案，改变超链接文字的颜色。

① 选择"格式"|"幻灯片设计"菜单命令，在"幻灯片设计"窗口中单击"配色方案"命令，单击"编辑配色方案"按钮，弹出"编辑配色方案"对话框，如图 5.60 所示。

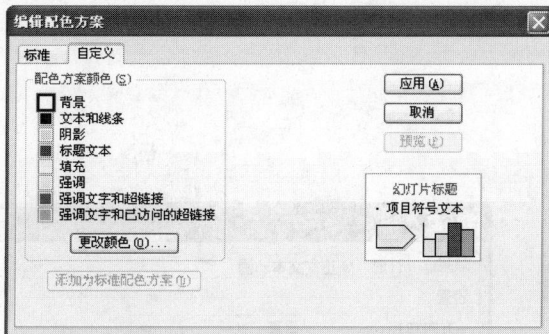

② 在"自定义"选项卡中，选中"配色方案颜色"框的"强调文字和超链接"颜色框，单击"更改颜色"按钮，弹出"强调文字和超链接颜色"对话框，从调色板中选择"玫红色"。

③ 单击"确定"按钮后返回"编辑配色方案"对话框，单击"应用"按钮，观察幻灯片中超链接文字颜色的变化。

图 5.60　"编辑配色方案"对话框

（4）动画的设计

① 设置第 1 张幻灯片的动画效果。选择"幻灯片放映"|"动画方案"菜单命令，打开"幻灯片设计"的"动画方案"任务窗格，如图 5.61 所示。选择"温和型"下的"展开"。

② 设置第 2 张幻灯片的动画效果。

a. 选择"幻灯片放映"|"自定义动画"菜单命令，弹出"自定义动画"窗格。

b. 选中文本占位符，单击"添加效果"按钮，选择"进入"|"百叶窗"菜单命令，如图 5.62 所示。

c. 在"自定义动画"任务窗格的列表中，选定文本的动画效果，打开此项目的下拉列表，选择"效果选项"，如图 5.63 所示。

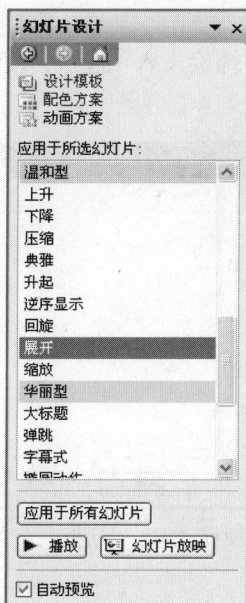

图 5.61　设置动画方案　　　　图 5.62　自定义动画　　　　图 5.63　效果选项

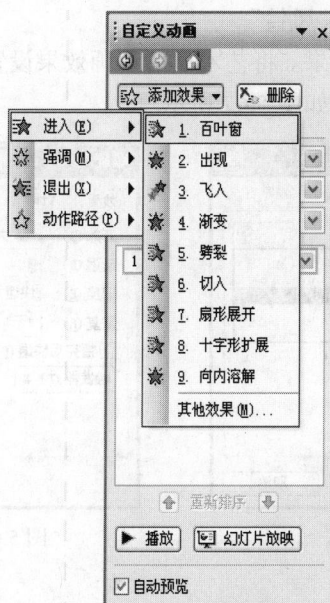

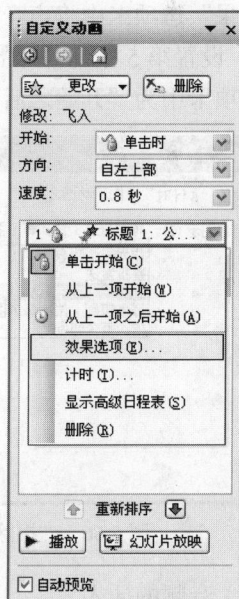

d. 在弹出的"百叶窗"对话框中，将方向设为"垂直"，如图 5.64 所示。

e. 选择幻灯片中的图片，单击"添加效果"按钮，选择"进入"|"其他效果"菜单命令，打开"添加进入效果"对话框，如图 5.65 所示。在列表中选择"基本型"下的"内向溶解"。

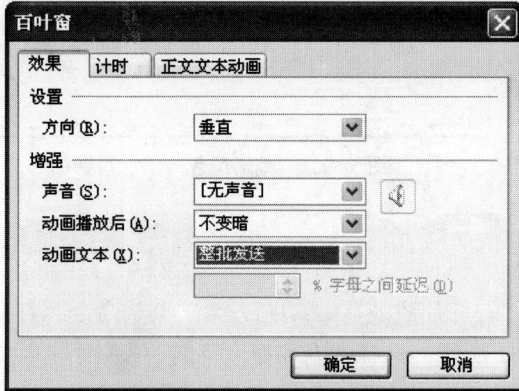

图 5.64　"百叶窗"对话框

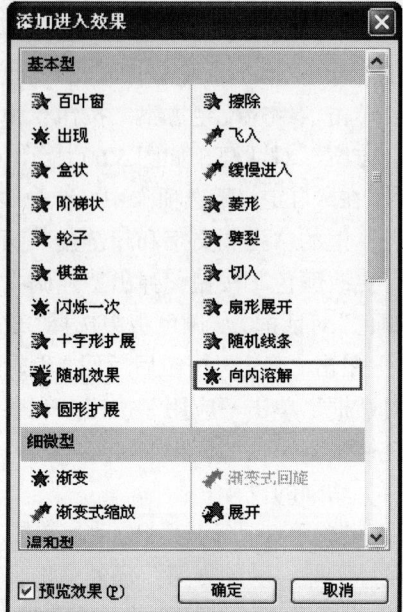

图 5.65　"添加进入效果"对话框

③ 设置第 3 张幻灯片的动画效果。将组织结构图的动画效果设置为"擦除"式进入，方向为"自左侧"，在"效果选项"的"图示动画"选项卡中将"组合图示"设置为"每个分支，依次每个图形"，如图 5.66 所示。

④ 设置第 4 张幻灯片的动画效果。将图表的动画效果设置为"菱形"进入，方向为"外"，在"效果"选项卡中将声音设置为"风铃"。

⑤ 设置第 5 张幻灯片的动画效果。将艺术字的动画效果设置为"螺旋飞入"进入，设置"计时"选项卡中为"开始之后 1 秒"，如图 5.67 所示。

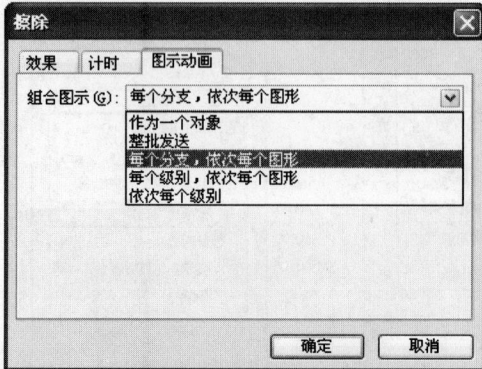

图 5.66　"擦除"对话框

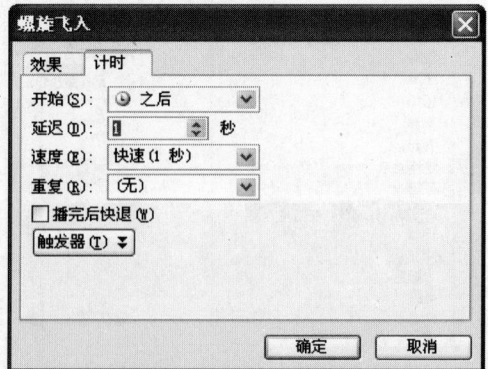

图 5.67　"螺旋飞入"对话框

（5）音频的插入

① 选择第 1 张幻灯片，选择"插入"|"影片和声音"|"文件中的声音"菜单命令，打开"插

人声音"对话框，选择一首 MP3 音乐，单击"确定"按钮，弹出提示框，如图 5.68 所示。如在幻灯片放映时播放声音则单击"自动"按钮，设置后在幻灯片中央出现一个小喇叭图标，拖动至合适的位置。

图 5.68　提示对话框

② 右击"声音"图标，在快捷菜单中选择"编辑声音对象"菜单项，打开"声音选项"对话框，选中"幻灯片放映时隐藏声音图标"复选框。

（6）幻灯片的切换

① 选择"视图"|"幻灯片浏览"菜单命令，进入幻灯片浏览视图。

② 选择"幻灯片放映"|"幻灯片切换"菜单命令，打开"幻灯片切换"任务窗格。

③ 选中第 2 张幻灯片，在"应用于所有幻灯片"下拉列表框中选择"水平梳理"，速度设为"中速"，在"换片方式"栏选中"单击鼠标时"复选框，如图 5.69 所示。

④ 单击"应用于所有幻灯片"按钮，则所有幻灯片的切换效果均设为"水平梳理"。

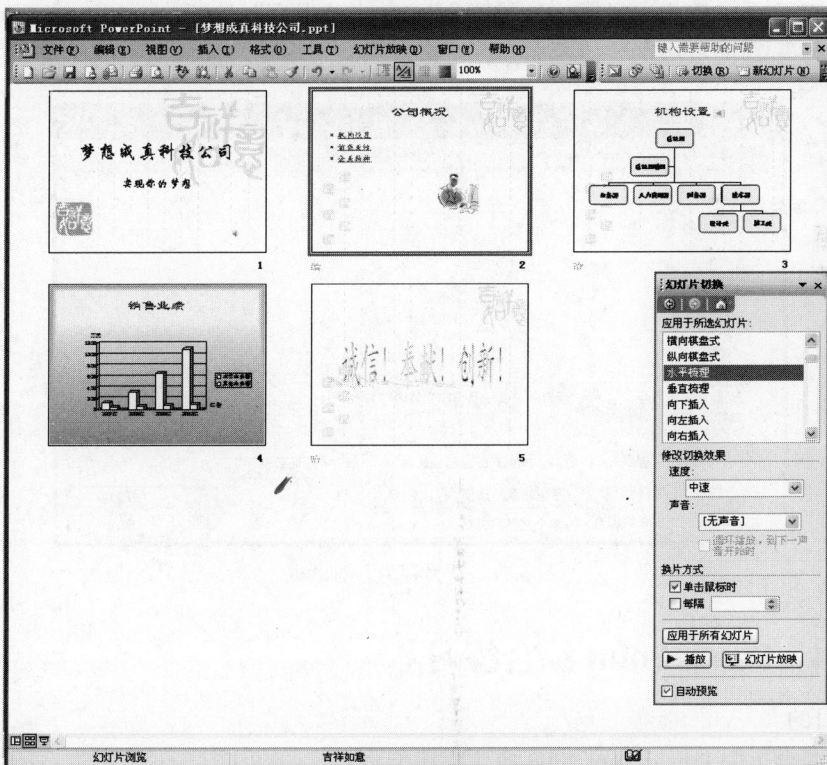

图 5.69　"幻灯片切换"任务窗格

（7）幻灯片的放映

选择"幻灯片放映"|"设置放映方式"菜单命令，打开"设置放映方式"对话框，如图 5.70

所示，将放映类型设为"演讲者放映（全屏幕）"。

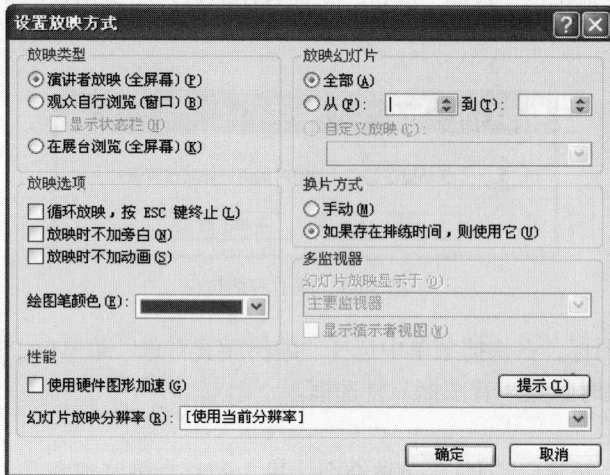

图 5.70   "设置放映方式"对话框

（8）幻灯片的转换

① 保存演示文稿。

② 选择"文件"|"另存为网页"菜单命令，在弹出的"另存为"对话框中单击"更改标题"按钮，如图 5.71 所示，输入页标题"公司简介"，单击"保存"按钮。

选择"文件"|"网页浏览"菜单命令，可以看到演示文稿转换成网页的样式。

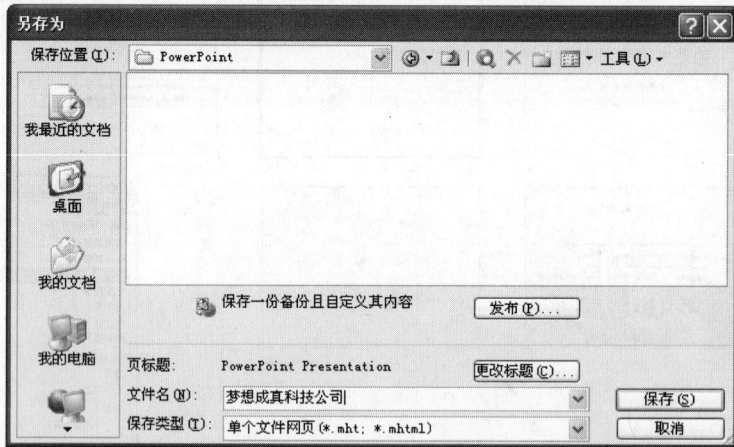

图 5.71   "另存为"对话框

实验 14　PowerPoint 综合练习

1. 实验目的

（1）掌握综合运用 PowerPoint 2003 应用程序能力。

（2）掌握演示文稿的格式化和美化过程。

（3）掌握母版的修改方法。

（4）熟练应用演示文稿的制作过程。

2. 实验内容

创建"自我介绍"演示文稿，保存 D:\Experiment\PowerPoint 文件夹下。演示文稿中包含 7 张幻灯片，制作样本如图 5.72～图 5.78 所示。制作要求与提示如下。

（1）选用模板

幻灯片模板选用"古瓶荷花"。

（2）修改幻灯片母版

① 将标题样式设置为华文琥珀，40 号。

图 5.72　1 号幻灯片

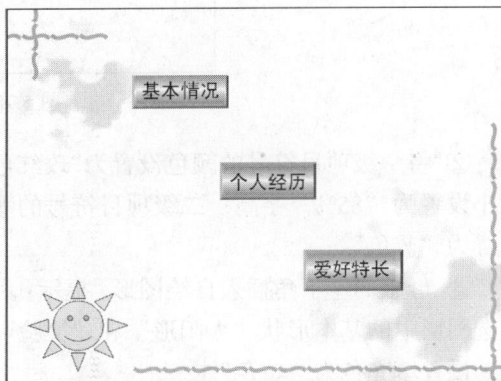

图 5.73　2 号幻灯片

图 5.74　3 号幻灯片

图 5.75　4 号幻灯片

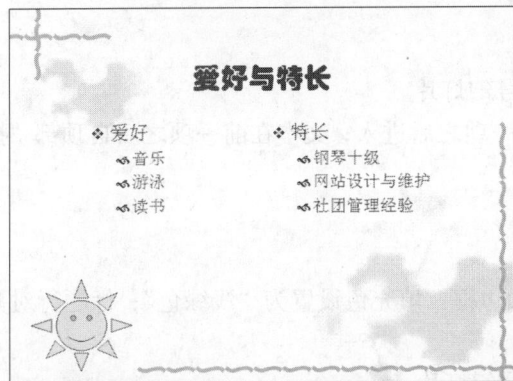

图 5.76　5 号幻灯片

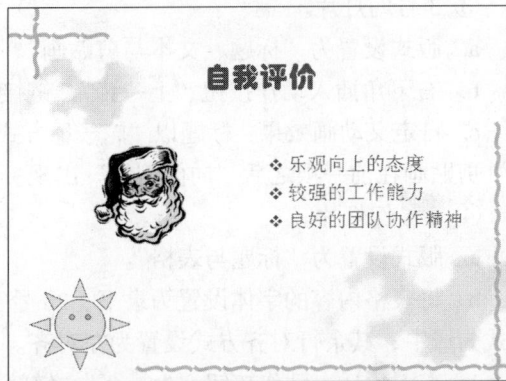

图 5.77　6 号幻灯片

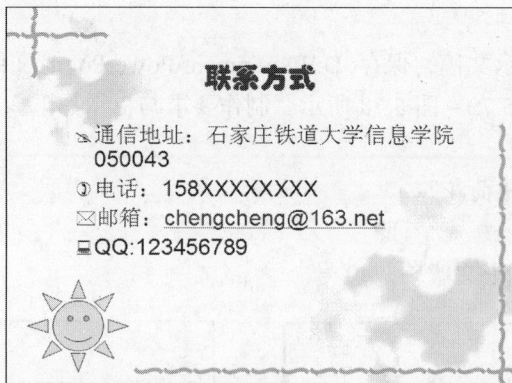

图 5.78　7 号幻灯片

② 将一级项目符号的颜色设置为"玫红色"，大小设置为"85%"字高；二级项目符号的颜色设置为"蓝色"。

③ 母版的左下角插入自绘图形。提示：利用自选图形中的基本形状"太阳形"和"笑脸"组合，设置填充色为"黄色"。

④ 调整占位符大小，效果如图 5.79 所示。

（3）编辑幻灯片

① 1 号幻灯片。

a. 版式设置为"标题幻灯片"。

b. 标题为艺术字，字体设置为"华文彩云"。

② 2 号幻灯片。

a. 版式设置为"空白"。

b. 添加 3 个自定义的动作按钮。

c. 将动作按钮上文字的字体设置为黑体、28 号，背景填充为预设颜色"雨后初晴"，底纹样式为"水平"效果的"变形 3"。

d. 为 3 个动作按钮设置超链接："基本情况"链接到 3 号幻灯片，"个人经历"链接到 4 号幻灯片，"爱好特长"链接到 5 号幻灯片。

③ 3 号幻灯片。

a. 版式设置为"标题、文本与剪贴画"。

b. 右下角插入动作按钮"上一张"，链接到 2 号幻灯片。

c. 自定义动画效果：标题以"轮子"方式在前一项之后进入；文本在前一项之后自顶部"擦除"剪贴画在前一项之后"向内溶解"出现。

④ 4 号幻灯片。

a. 版式设置为"标题与表格"。

b. 将表格内容的字体设置为隶书、28 号字：加边框：填充色设置为"浅绿色"；标题行对齐方式为居中，其余行对齐方式设置为左对齐。

c. 右下角插入动作按钮"上一张"，链接到 2 号幻灯片。

d. 自定义动画效果：单击时表格以"百叶窗"方式垂直，中速进入。

图 5.79　修改母版

⑤ 5 号幻灯片。

a. 版式设置为"标题与表格"。

b. 文本行距设置为 1.2 行，段前 0.2 行。

c. 自定义动画效果：标题动画效果为"玩具风车"，图片在前一项之后以中速"伸展"方式进入。

⑥ 6 号幻灯片。

a. 版式设置为"标题、剪贴画与文本"。

b. 文本行距设置为 1.2 行，段前 0.2 行。

c. 自定义动画效果：标题动画效果为"玩具风车"，图片在前一项之后"伸展"进入，最后文本以"颜色打字机"方式进入。

⑦ 7 号幻灯片。

a. 版式设置为"标题和文本"。

b. 按图 15-7 更改项目符号样式，提示：自定义项目符号，选择"windows"符号集。将项目符号大小设置为"100%"字高。

c. 选择"椭圆动作"方案。

（4）设置幻灯片切换

将幻灯片的切换效果设置为"水平百叶窗"。

放映演示文稿，观看制作效果。

5.3　练　习　题

一、选择题

1. 在 Word 窗口中，_____的作用是决定在窗口工作区中显示文档的哪部分内容。

 A）滚动条   B）控制框   C）标尺   D）最大化按钮

2. 在 Word 窗口中，利用_____可方便地调整段落伸出和缩进，页面的上、下、左、右边距，表格的列宽和行高。

 A）标尺   B）格式工具栏 C）常用工具栏 D）表格工具栏

3. 中文 Word 是一个在 Windows 下运行的_____。

 A）操作系统   B）字处理应用软件

 C）杀病毒软件   D）打印数据程序

4. 在下面有关 Word 菜单的叙述中，不正确的是_____。

 A）带省略号（…）的命令执行后会打开一个对话框，要求用户输入信息

 B）命令前有符号（　）表示该命令已生效

 C）当鼠标指向带有（　）的命令时，会弹出一个子菜单

 D）命令项呈暗淡色的色彩，表示相应的程序被破坏

5. 在 Word 的屏幕显示中_____是不可隐藏的。

 A）工具栏   B）菜单栏   C）状态栏   D）标尺

6. 为了看清文件的打印输出效果，应使用_____视图。

 A）普通   B）大纲   C）页面   D）阅读版式

7. 在 Word 文档中为多次出现的小标题设置相同的复杂格式_____。

A）只能一次一次重复设置　　　　　　　B）只能复制文本后修改文字内容

C）只能使用格式刷复制格式　　　　　　D）可以使用自定义样式

8. 启动 Word 后，在 Word 中打开一个已有的文档可以_____。

A）单击工具栏上的"打开"按钮　　　　B）单击"文件"菜单中的"新建…"命令

C）按快捷键 Ctrl+O　　　　　　　　　D）单击"文件"菜单中的"打开…"命令

E．在工作区右击鼠标，从快捷菜单中选择"打开"

9. 执行"文件"菜单中的"另存为"命令可以_____。

A）保留编辑修改前的文档　　　　　　　B）得到修改后的文档

C）删除修改前的文档　　　　　　　　　D）删除修改后的文档

E）删除修改前的文档并保存修改后的文档

10. 在 Word 中进行编辑时，将选定文本移动到指定位置的方法有_____。

A）用"编辑"菜单的"剪切"和"粘贴"按钮

B）用"常用"工具栏上的"剪切"和"粘贴"按钮

C）直接用鼠标拖曳

D）按住 Ctrl 键，用鼠标拖曳

E）按住 Shift 键，用鼠标拖曳

11. 在 Word 中进行编辑时，查找和替换功能十分强大，属于其中之一的有_____。

A）查找文本

B）查找替换文本中的格式

C）查找图形对象

D）查找和替换带格式及样式的文本

E）能够用通配字符进行复杂的查找

12. 在 Word 中，"表格"菜单的"拆分表格"命令不能_____。

A）将表格分割成上下两个表，以插入点所在行作为下一个表的第一行

B）将表格分割成左右两个表，以插入点所在列作为右边的表的第一列

C）在插入点所在行之前插入一个非表格的空行，若插入点所在行不是原表格第一行，就分成两个表格

D）从插入点所在列开始，以后各列作为一个新表放到原表格下方，原表格减少若干列

E）将插入点所在列分为两行

13. Excel 中如果想要更改工作表的名称，可以通过下述操作实现：_____。

A）单击工作表的标签，然后输入新的标签内容

B）双击工作表的标签，然后输入新的标签内容

C）在编辑栏左端的名称框中输入工作表的新名称

D）在编辑栏右端的编辑框中输入工作表的新名称

14. 在 Excel 中利用选择性粘贴时，原单元格中的数据与目标单元格中的数据不能进行以下哪种操作_____。

A）加减运算　　　B）乘除运算　　　C）乘方运算　　　D）无任何运算

15. 在 Excel 中选择性粘贴中，如果选中"转置"复选框，则源区域的最顶行，在目标区域

中成为_____。

  A）最底行

  C）最右列

  B）最左列

  D）在原位置处左右单元格对调

16. 当鼠标移动到填充柄上时，鼠标指针的形状变为_____。

  A）空心粗十字形

  C）黑色（实心细）十字形

  B）向左上方箭头

  D）黑色矩形

17. 在 Excel 中，关于工作表为其建立的嵌入图表的说法，正确的是_____。

  A）删除工作表中的数据，图表中的数据系列不会删除

  B）删除工作表中的数据，图表中的数据系列不会增加

  C）修改工作表中的数据，图表中的数据序列不会改变

  D）以上三项均不对

18. 在 Excel 工作表中，不正确的单元格地址是_____。

  A）C$66 B）$C66 C）C6$6 D）$C$66

19. 在 Excel 工作表中，正确的 Excel 公式形式为_____。

  A）=B3*Sheet3！A2

  C）=B3*Sheet3:A2

  B）=B3*Sheet3$ A2

  D）=B3*Sheet3%A2

20. 在 Excel 工作簿中，有关移动和复制工作表的说法正确的是_____。

  A）工作表只能在所在工作簿内移动，不能复制

  B）工作表只能在所在工作簿内复制，不能移动

  C）工作表可以移动到其他工作簿内，不能复制到其他工作簿内

  D）工作表可以移动到其他工作簿内，也可以复制到其他工作簿内

21. 在单元格中输入数字字符串 100872（邮政编码）时，应用_____方法输入。

  A）100872 B）"100872" C）'100872 D）100872'

22. 要锁定工作表中指定的行或列，应进行的关键菜单指令是_____。

  A）窗口→冻结窗格

  C）窗口→重排窗口

  B）窗口拆分

  D）窗口隐藏

23. 在 Excel 的图表中，会随着工作表中的数值的改变而发生相应的变化的部分是_____。

  A）图例 B）系列数据的值 C）图表类型 D）图表位置

24. 数据透视表中的汇总方式有_____。

  A）求和 B）计数 C）平均值

  D）最大值 E）最小值

25. 关于自动筛选中的"前 10 个…"选项的作用，以下说法正确的是_____。

  A）只能筛选前 10 个最大或最小的数值

  B）最少筛选前 10 个最大或最小的数值

  C）最多筛选前 10 个最大或最小的数值

  D）可以筛选任意个最大或最小的数值

26. Excel 2003 中，一个工作簿最多可以包含_____个工作表。

  A）128 B）225 C）24 D）3

27. 删除单元格后，使右侧单元格左移或下方单元格上移，应执行菜单的_____操作。

  A）编辑→清除→全部

  B）编辑→剪贴

C）编辑→清除→格式　　　　　　　D）编辑→删除

28. 下列_____是 Excel 工作表的正确区域表示。

　　A）A1#D4　　　　B）A1..D4　　　　C）A1:D4　　　　D）A1>D4

29. 对单元格 D5，Excel 的绝对引用表示方法为_____。

　　A）D5　　　　　　B）D$5　　　　　C）$D$5　　　　D）$D5

30. 引用单元格时，列标和行号前都加"$"符号，这属于_____。

　　A）相对引用　　　B）绝对引用　　　C）混合引用　　　D）以上说法都不对

31. 数据分类汇总前必须先进行_____操作。

　　A）筛选　　　　　B）计算　　　　　C）排序　　　　　D）合并

32. Excel 工作表中，单元格区域 D2:E4 所包含的单元格个数是_____。

　　A）5　　　　　　　B）6　　　　　　　C）7　　　　　　　D）8

33. 选定某一单元格，单击"编辑"菜单下的"删除"选项，不可能完成的操作是_____。

　　A）删除该行　　　　　　　　　　　B）右侧单元格左移

　　C）删除该列　　　　　　　　　　　D）左侧单元格右移

34. 要使某张幻灯片与其母版不同，以下说法正确的是_____。

　　A）这是做不到的　　　　　　　　　B）可以设置该幻灯片不使用母版

　　C）可以直接修改该幻灯片　　　　　D）可以重新设置母版

35. 如果希望将演示文稿的每张幻灯片根据幻灯片内容的多少设置自动切换时间，利用_____可以更方便地实现。

　　A）自定义放映　　B）幻灯片切换　　C）排练计时　　　D）自定义动画

36. 利用 PowerPoint 的_____功能，可以给幻灯片配上解说。

　　A）自定义动画　　B）自定义放映　　C）幻灯片切换　　D）录制旁白

37. 一个演示文稿，如果演讲者需要根据不同观众展示不同的内容，可以采用_____。

　　A）排练计时　　　B）自定义放映　　C）录制旁白　　　D）自定义动画

38. 不可以改变幻灯片的放映次序的是_____。

　　A）自定义放映　　　　　　　　　　B）使用动作按钮

　　C）插入超链接　　　　　　　　　　D）使用"工具"中的"选项"设置

39. 如果要从最后一张幻灯片返回到第一张幻灯片，应使用"幻灯片放映"菜单中的_____。

　　A）动作设置　　　B）预设动画　　　C）幻灯片切换　　D）自定义动画

40. 在幻灯片的"动作设置"对话框中设置的超链接对象不允许是_____。

　　A）下一张幻灯片　　　　　　　　　B）一个应用程序

　　C）其他演示文稿　　　　　　　　　D）幻灯片中的某一对象

41. 下述对幻灯片中的对象进行动画设置的正确描述是_____。

　　A）幻灯片中的对象一旦进行动画设置就不可以改变

　　B）设置动画时不可改变对象出现的先后次序

　　C）幻灯片中各对象设置的动画效果可以不同

　　D）每个对象只能设置动画效果，不能设置声音效果

42. 如果要从一个幻灯片"溶解"到下一幻灯片，应使用"幻灯片放映"菜单中的_____。

　　A）动作设置　　　B）预设动画　　　C）幻灯片切换　　D）自定义动画

43. 下述对幻灯片中的对象进行动画设置的正确描述是_____。

A）幻灯片中的对象可以不进行动画设置

B）设置动画时不可改变对象出现的先后次序

C）幻灯片中的各对象设置的动画效果应一致

D）每一对象只能设置动画效果，不能设置声音效果

44. 在 PowerPoint 编辑状态下，最方便进行幻灯片间移动和复制操作的视图方式为_____。

    A）普通　　　　　B）幻灯片浏览　　C）幻灯片放映　　　D）备注页

45. 与 Word 相比，PowerPoint 中的文本的最大特色是_____。

    A）可以设置颜色　　　　　　　　B）作为图形对象

    C）可以设置字体　　　　　　　　D）可以设置字号

46. 在 PowerPoint 中，可以设置幻灯片布局的命令是_____。

    A）背景　　　　　B）幻灯片版式　　C）幻灯片配色方案　　D）设置放映格式

47. 使用工具栏"新建"按钮，弹出"新幻灯片"对话框，其内容和_____对话框相同。

    A）幻灯片版面设置　　　　　　　B）幻灯片配色方案

    C）背景　　　　　　　　　　　　D）应用设计模板

48. 在演示文稿中新增一幻灯片的正确方法是_____。

    A）选择"文件"菜单中的"新建"命令

    B）选择"插入"菜单中的"新幻灯片"命令

    C）在幻灯片编辑区单击鼠标右键，选择"插入幻灯片"命令

    D）选择"编辑"菜单中的"新幻灯片"命令

49. 用 PowerPoint 制作出来的文件称作_____。

    A）演示文稿　　　B）幻灯片　　　　C）工作表　　　　D）放映文稿

50. PowerPoint 提供的演示文稿的打印方式为_____。

    A）幻灯片　　　　B）讲义　　　　　C）大纲视图

    D）普通视图　　　E）备注页

51. 下面可以在 PowerPoint 的幻灯片中增加动态效果的方式为_____。

    A）选择配色方案　　　　　　　　B）利用自定义动画

    C）设置幻灯片切换方式　　　　　D）利用预设动画　　E）选择幻灯片版式

52. 在 PowerPoint 中放映幻灯片，可以利用_____方法显示上一张幻灯片。

    A）按 Enter 键　　　　　　　　　B）按 PageDown 键

    C）按 PageUp 键　　　　　　　　D）按上移键

53. 以下方法可以控制幻灯片外观的有_____。

    A）幻灯片版式　　B）配色方案　　　C）设计模板

    D）母版　　　　　E）剪贴库中的声音

54. 在 PowerPoint 的背景对话框中其背景颜色填充包括的内容有_____。

    A）图片　　　　　B）图案　　　　　C）渐变　　　　　D）动画　　E）纹理

55. 利用 PowerPoint 制作出来的演示文稿_____。

    A）可以包含动画　　B）可以包含图形　　C）可以包含图表　　D）可以包含声音

    E）可以包含视频

56. 以下关于幻灯片的说法正确的是_____。

    A）幻灯片常用于教学演示

B）幻灯片由于良好的展示功能，常用于公司形象宣传、教学、讲座

C）幻灯片不能与 Word 和 Excel 等 Office 家族成员交互使用

D）幻灯片不能用于打印

E）幻灯片不能在 Internet 上传播

57. 在幻灯片中需按鼠标左键和_____键来同时选中多个对象进行组合。

    A）Tab   B）Insert   C）Alt   D）Shift

58. 在 PowerPoint 中，对于已经创建的多媒体演示文稿可以用_____命令转移到其他未安装 PowerPoint 的计算机上放映。

    A）"文件"菜单的"发送"   B）"文件"菜单的"打包"

    C）"文件"菜单的"另存为"   D）"文件"菜单的"打印"

59. 在幻灯片的"动作设置"对话框中设置的超链接对象可以是_____。

    A）该幻灯片中的声音对象   B）该幻灯片中的图形对象

    C）该幻灯片中的影片对象   D）其他幻灯片

二、问答题

1. 在 Word 中选择文本的操作有哪些方法？请列出其中的 3 种。

2. 如何进行文本的移动、剪切、复制和粘贴操作？

3. 如何利用"查找和替换"功能完成对格式的替换？请举例说明。

4. 创建表格都有哪些途径？如果要制作一张学生履历表，用什么方式较好？

5. 如何在文档中插入图形和其他对象（公式、电子表格等）？

6. "书签"的作用都有哪些？如何在文档中插入书签？

7. 如何在文档中插入文件，以实现多个文件的共享？

8. 什么时候需要自动插入题注？什么时候不需要？请举例说明。

9. 如何实现文档的修订功能？

10. 什么是"样式"？如何在 Word 文档中创建一个新样式？

11. 什么是"大纲级别"？对哪些类型的文档需要用到"大纲视图"？

12. 简述 Excel 2003 中单元格、工作表、工作簿之间的关系。

13. 要在 Excel 2003 工作表的单元格中快速输入数据序列，可用什么方法完成？

14. Excel 2003 中什么是相对引用？什么是绝对引用？什么是混合引用？

15. Excel 2003 中"选择性粘贴"与"粘贴"有何不同？请举例说明。

16. Excel 2003 中如何创建一个"春、夏、秋、冬"的填充序列？简述操作步骤。

17. PowerPoint 主要适合做什么？它的特长有哪些？

18. PowerPoint 中设计模板和母版的作用是什么？二者有何不同？

19. 在 PowerPoint 中如何创建自己的设计模板？

20. 如何在当前演示文稿中插入其他演示文稿中的幻灯片？

21. 在 PowerPoint 中实现动态效果的方法有哪些？

22. 在 PowerPoint 中哪些方法可以实现超链接？可以超链接到哪些对象？

第6章
数据库与信息系统

6.1 内 容 提 要

　　本章学习数据库的基本理论、信息系统的概念与设计过程以及 Access 数据库的使用。在 Access 中掌握数据库的建立，掌握表结构的设计、字段属性的设置、表结构的维护和创建表与表之间的关系，理解数据库的概念，掌握 Access 数据库管理系统的常用查询（如选择查询、删除查询、更新查询），理解简单的 SQL 语句，掌握利用向导创建查询、窗体和报表。

6.2 实 验 内 容

实验 15　Access 数据库中表的建立和维护

　1. 实验目的

　（1）掌握建立和维护 Access 数据库的一般方法。

　（2）掌握建立和维护数据表的一般方法。

　（3）掌握数据表中数据的输入和输出格式的设置方法。

　（4）掌握建立表格关联的方法。

　2. 实验内容

　（1）建立数据库

　通过使用创建数据库的方法建立"教务管理系统"数据库。

　文件命名为"教务管理系统.mdb"，存放在 D 盘根目录下，新建"教务管理系统"窗口界面，如图 6.1 所示。

　（2）建立数据表

　在"教务管理系统"数据库中使用表设计器建立如下数据表：

　① 学生信息表

　a. 使用表设计器创建学生信息表，表结构如表 6-1 所示。

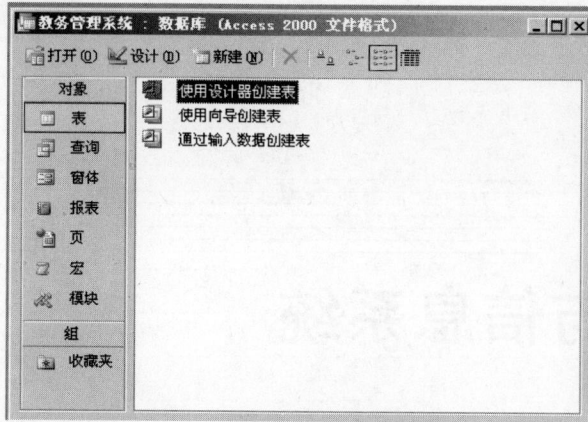

图 6.1　新建"教务管理系统"

表 6-1　　　　　　　　　　　　　学生信息表的结构

字 段 名 称	字 段 类 型	字 段 宽 度
学号	文本	10
姓名	文本	10
性别	文本	1
年龄	数字	2
专业	文本	
入校时间	日期/时间	
建立	备注	

b. 创建学号为主键，将鼠标放在"学号"字段，单击主键图表或使用右键快捷菜单即可设置，如图 6.2 所示。

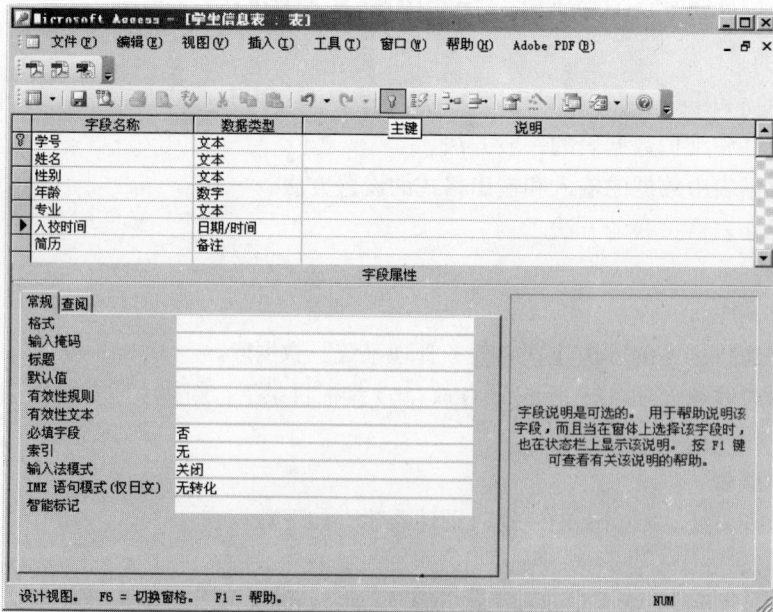

图 6.2　设置数据表的主键

c. 保存数据表，在"另存为"对话框中输入表的名字"学生信息表"。

② 课程信息表

a. 使用表设计器创建课程信息表，表结构如表 6-2 所示。

表 6-2　　　　　　　　　　　　　　　　　课程信息表的结构

字 段 名 称	字 段 类 型	字 段 宽 度
课程号	文本	5
课程名	文本	20
学分	数字	单精度
先修课	文本	5

b. 创建课程号为主键。

c. 保存数据表，在"另存为"对话框中输入表的名字"课程信息"。

③ 学生成绩数据表

a. 使用表设计器创建表，表结构如表 6-3 所示。

表 6-3　　　　　　　　　　　　　　　　　成绩表的结构

字 段 名 称	字 段 类 型	字 段 宽 度
学号	文本	10
课程号	文本	5
成绩	数字	单精度，小数为 2 位

b. 创建学号、课程号为主键。

c. 保存数据表，在另存为对话框中输入表的名字"学生成绩数据"。

（3）建立关系

建立学生信息表、课程信息表和学生成绩表之间的关系。

a. 关闭所有打开的表，在数据库窗口单击工具栏上的关系按钮 。

b. 在"显示表"对话框中选择要建立关系的表。系统会自动建立关系，对于没有自动生成的关系，则需要操作者创建。创建方法为：拖动两个关系字段中的一个到另外一个上面即可，如图 6.3 所示。

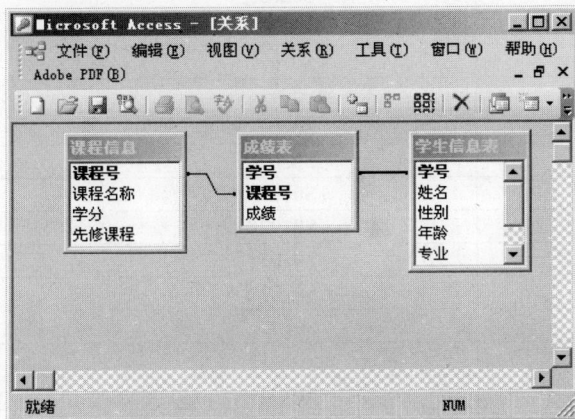

图 6.3　建立 3 个数据表之间的关系

c. 根据需要编辑关系，可选择"实施参照完整性"和"级联更新相关字段"等。

（4）输入数据

在学生信息表、课程信息表、成绩表中分别录入数据，如表 6-4 ~ 表 6-6 所示。

表 6-4 　　　　　　　　　　　　　　学生信息表

学号	姓 名	性别	年龄	专业	入校时间	简 历
000001	李红江	男	22	计算机	2009-9-1	爱好：摄影
000002	张宏	男	22	计算机	2009-9-1	爱好：书法
000003	程鑫	男	23	指挥自动化	2009-9-1	组织能力强，善于表现自己
000004	刘红兵	男	21	指挥自动化	2009-9-1	爱好：绘画、摄影、运动
000005	钟姝	女	19	动力工程	2010-9-1	
000006	李晓红	女	21	财务管理	2010-9-1	

表 6-5 　　　　　　　　　　　　　　课程信息表

课 程 号	课 程 名 称	学 分	先 修 课
S0101	数学	4	
S0102	物理	4	S0101
S0103	化学	4	S0101
S0104	英语	8	
S0105	政治	2	
S0106	军体	2	
S0201	计算机基础	2	
S0202	C 语言	3	S0201
S0203	数据库技术	2	S0201

表 6-6 　　　　　　　　　　　　　　成绩表

学 号	课 程 号	成 绩
00001	S0101	91.00
00001	S0103	78.00
00001	S0201	75.00
00001	S0202	80.00
00001	S0203	90.00
00002	S0101	87.00
00002	S0102	85.00
00002	S0201	86.00
00002	S0202	78.00
00002	S0203	79.00
00003	S0101	81.50
00003	S0102	68.00
00003	S0103	56.00
00004	S0101	66.00
00004	S0104	88.00
00005	S0101	89.00
00005	S0103	91.00
00005	S0104	92.00

（5）维护数据表

a. 导出学生信息表中的数据，以 Excel97-2003 的形式保存到 D 盘，文件名为"学生信息.xls"。

b. 新建 excel 表格"学生.xls"，在表中输入如表 6-7 所示数据，最后选择 Access2003 中的"文件"|"获取外部数据"|"导入"菜单命令，将数据导入到"学生信息"表中。

表 6-7　　　　　　　　　　　　　　　　　学生信息表

学号	姓名	性别	年龄	专业	入校时间	简　历
000007	李大伟	男	22	计算机	2009-9-1	爱好：摄影
000008	张宏进	男	22	计算机	2009-9-1	爱好：书法
000009	刘玉玲	女	21	指挥自动化	2009-9-1	组织能力强，善于表现自己

c. 在学生信息表中，插入"是否党员"字段，并放在"简历"字段前面，字段类型设置为"是/否"，默认值为"否"（即 0）。

d. 设置学生信息表中"入校时间"字段的格式为"短日期"型。

e. 将学生信息表中的性别字段设置为查阅字段，取值为"男"或"女"。

操作步骤如下：打开学生信息表设计视图，选择"性别"字段，在"查阅"选项卡中设置"选择控件"属性为"组合框"，设置"行来源类型"属性为"值列表"，设置"行来源"属性为"'男'；'女'"。

f. 设置课程信息表中"课程名"字段为必填字段。

实验 16　创建查询、窗体和报表的建立

1. 实验目的

（1）掌握 Access 数据库中查询的类型。

（2）掌握 Access 数据库中创建查询的工具和方法。

（3）掌握 Access 中创建窗体的方法。

（4）掌握 Access 中创建报表的方法。

2. 实验内容

下面所有的操作都是针对实验 15 所建立的"教务管理系统.mdb"数据库中的学生信息表、课程信息表和学生成绩表进行的。

（1）使用 Access 提供的"使用向导创建查询"执行查询操作

a. 查询所有学生信息。

在"查询"选项卡中双击"使用向导创建查询"选项，显示"简单查询向导"窗口，如图 6.4 所示，选择学生信息表及其所有的字段，单击"下一步"按钮，直到出现"指定查询标题"对话框，输入"学生信息"，单击"完成"按钮，即显示图 6.5 所示数据表。

b. 查询学生选课情况，显示学号、姓名、课程号、课程名、学分。

本查询中使用到 3 个数据表，虽然在"简单查询向导"窗体中只需选择"学生信息表"、"课程信息表"中的字段，但是系统会自动根据在实验 15 中创建的 3 个表之间的关系，选择"学生成绩表"建立学生和课程之间的练习。显示结果如图 6.6 所示。

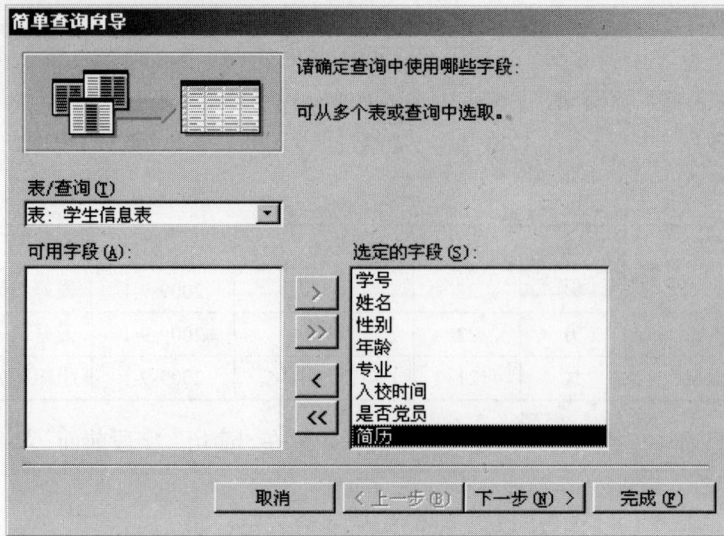

图 6.4 使用向导创建查询界面

图 6.5 查询结果显示

图 6.6 学生选课情况查询

c. 查询学生的成绩，显示学号、姓名、课程名、成绩。显示结果如图 6.7 所示。

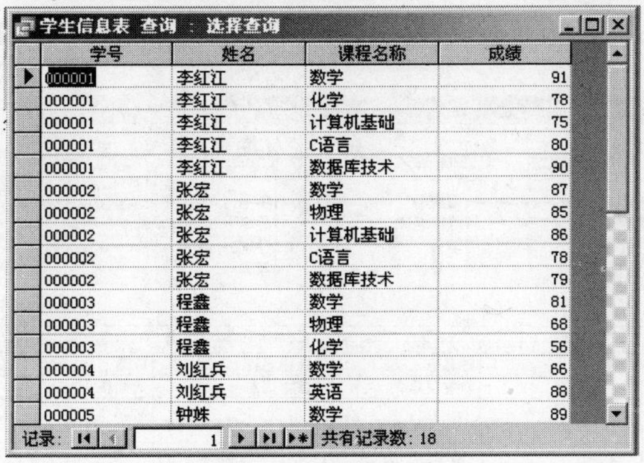

图 6.7 学生成绩查询

（2）使用 Access 提供的"在设计视图中创建查询"执行查询操作

a. 查询姓名为"张宏"的学生的所有信息。

双击"在设计视图中创建查询"，选择学生信息表，打开查询设计器。选择学生信息表中的所有字段为显示字段，在姓名字段的条件中输入"张宏"，单击执行按钮 ! 即可查询出所需结果，如图 6.8 所示。

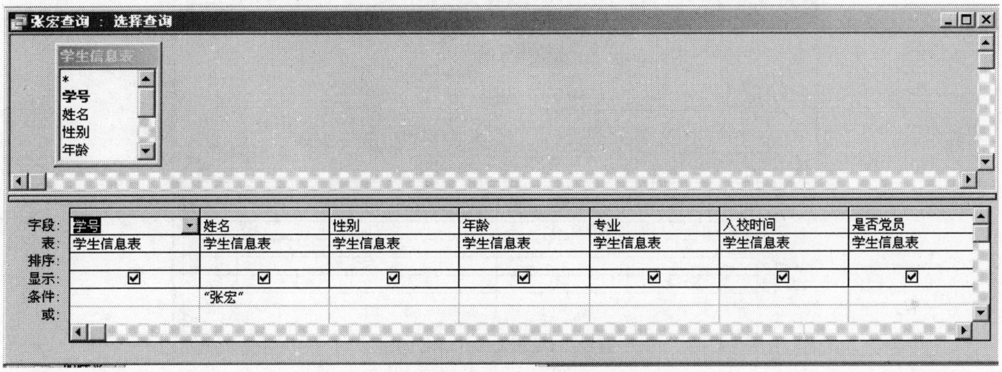

图 6.8 按姓名查询学生基本信息

b. 查询选修课程号为"S0201"且成绩在 85 分以上的学生的学号、姓名、课程名、成绩 4 个字段，查询设计如图 6.9 所示。

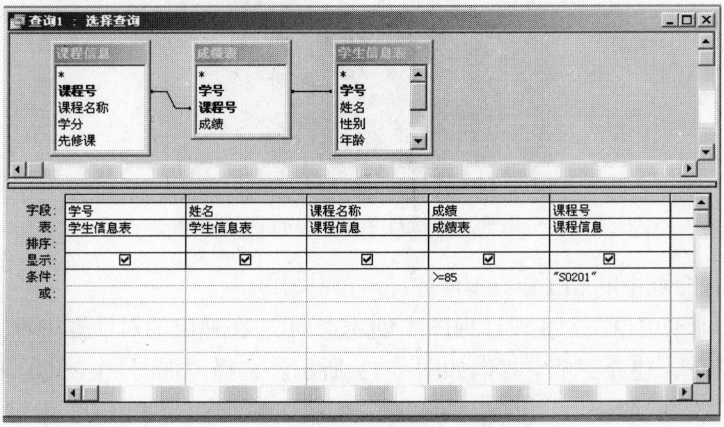

图 6.9 按课程查询成绩

c. 查询张宏同学的各科成绩，按成绩由大到小排序，查询设计如图 6.10 所示。

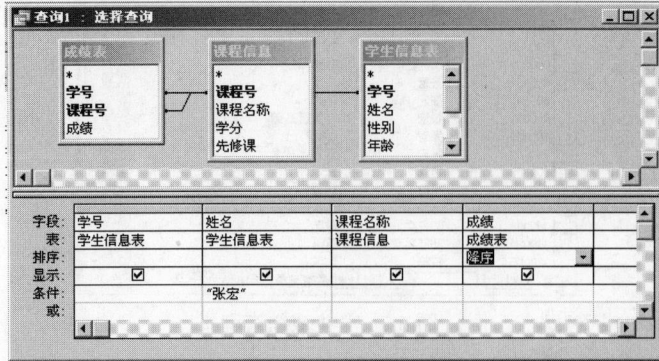

图 6.10　按姓名查询成绩

d. 统计每个学生所修学分的总和。查询设计如图 6.11 所示。注意：此操作需要先单击"查询"工具栏上的"总计"按钮 Σ，使设计网格中出现"总计"选项，然后进行查询设置。统计结果如图 6.12 所示。

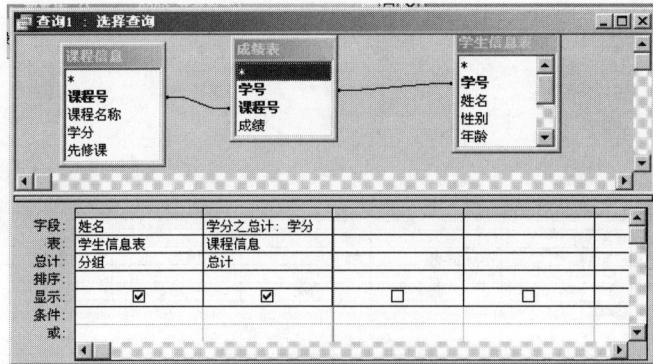

图 6.11　统计学生学分

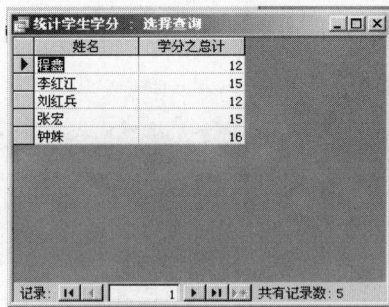

图 6.12　统计学生学分查询结果

（3）使用 SQL 命令中的 SELECT 语句执行查询操作

在"查询"选项卡中单击"在设计视图中创建查询"，在弹出的对话框中不选择任何的表或查询，直接关闭对话框，建立一个空查询如图 6.13 所示。选择"视图"|"SQL 视图"命令或单击"查询"工具栏上的"SQL 视图" SQL▾，在 SQL 视图中直接输入 SELECT 语句，并执行。

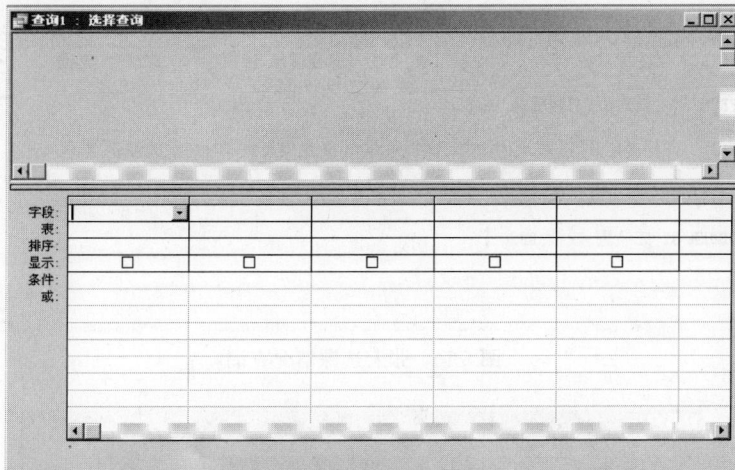

图 6.13 空查询视图

a. 查询姓名为"张宏"的学生信息，如图 6.14 所示。

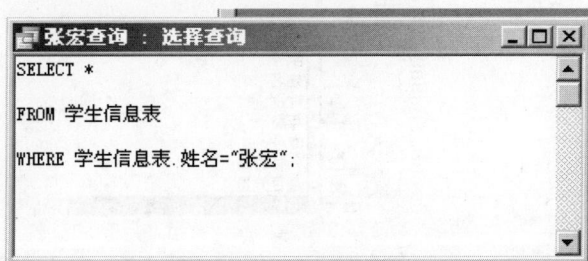

图 6.14 查询学生信息

b. 查询选修课程号为"S0201"且成绩在 85 分以上的学生的学号、姓名、课程名、成绩 4 个字段，如图 6.15 所示。

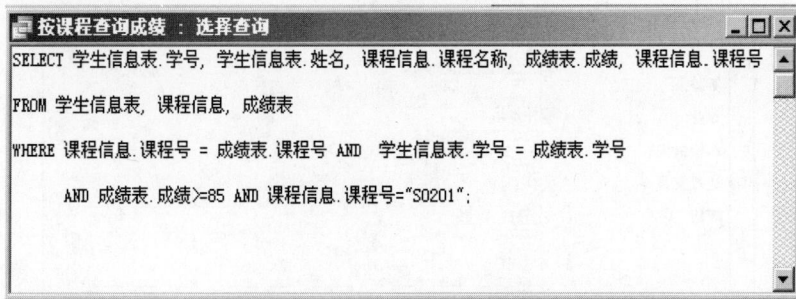

图 6.15 查询学生课程成绩

c. 查询学生张宏的各科成绩，按成绩由大到小排列，如图 6.16 所示。

（4）使用 Access 提供的"使用向导创建窗体"创建窗体

a. 使用学生信息表创建窗体，浏览所有学生的基本信息。

选择"窗体"对象，双击"使用向导创建窗体"，打开如图 6.17 所示对话框。选择学生信息表的所有字段，单击"下一步"按钮，选择窗体布局|窗体样式，指定窗体名称为"学生信息表"，单击"完成"按钮并打开如图 6.18 所示窗体界面。

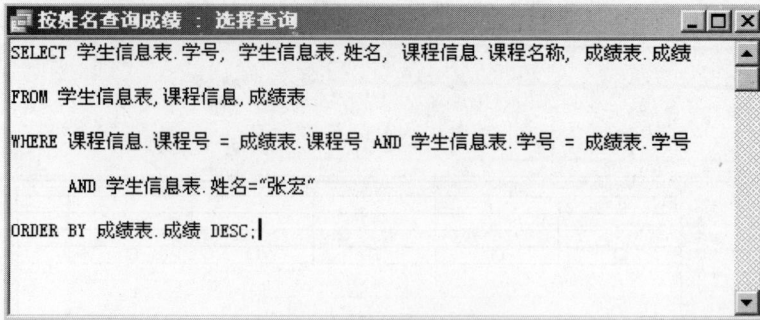

图 6.16　张宏选课情况查询

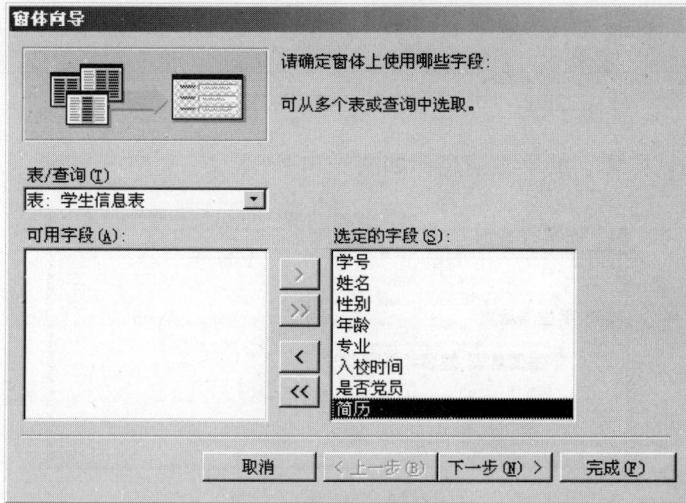

图 6.17　窗体设计向导

图 6.18　学生信息窗体界面

　　b. 利用向导创建学生成绩查询窗体，如图 6.19 所示。

　　选择学生信息表的学号、姓名和专业，选择学生成绩表的课程号和成绩。单击"下一步"按钮，确定数据的查看方式，选择带有子窗体的窗体，如图 6.20 所示。单击"下一步"按钮，选择"布局"|"样式"，录入窗体名称"学生成绩查询"，单击完成，显示如图 6.21 所示。

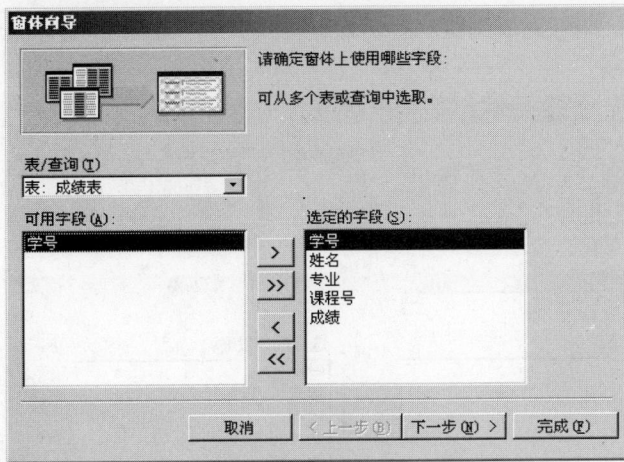

图 6.19　学生成绩查询窗体

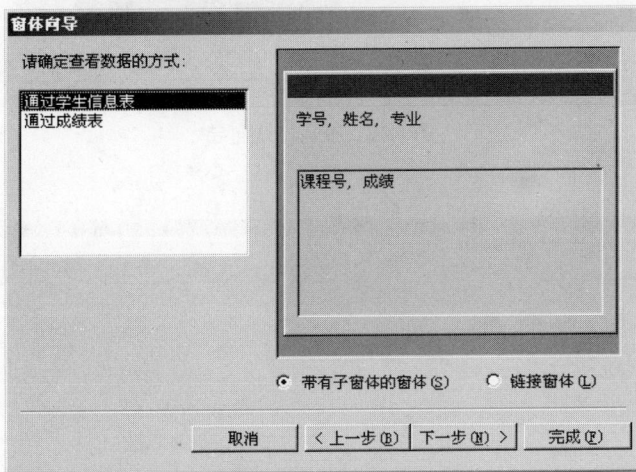

图 6.20　选择数据的查看方式

图 6.21　学生成绩查询界面

（5）使用 Access 提供的"使用向导创建报表"创建报表

a. 使用学生信息表创建学生信息报表，浏览打印所有学生的基本信息。

选择"报表"对象，双击"使用向导创建报表"，打开如图 6.22 所示对话框。选择学生信息表的所有字段，单击"下一步"按钮，选择报表是否添加分组（选择无）|排序次序（学号升序）|布局方式（纵览表）|报表样式，指定报表名称为"学生信息表"，单击"完成"按钮并打开如

图 6.23 所示报表界面，即可完成浏览和打印操作。

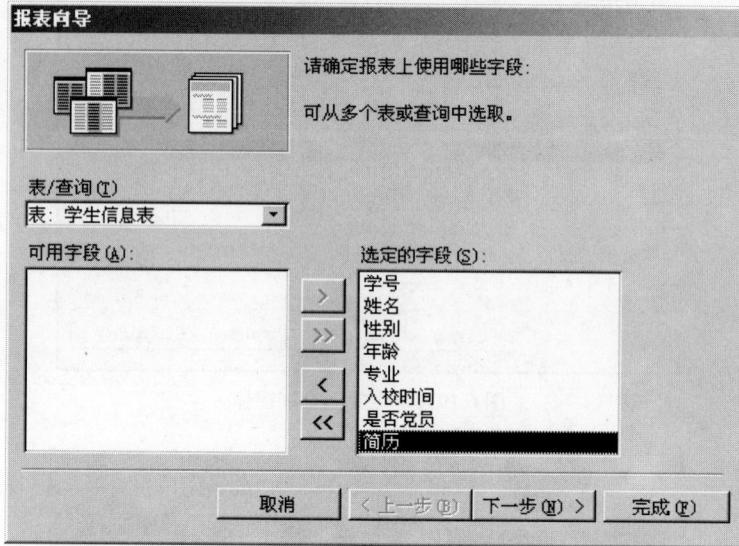

图 6.22　报表设计向导

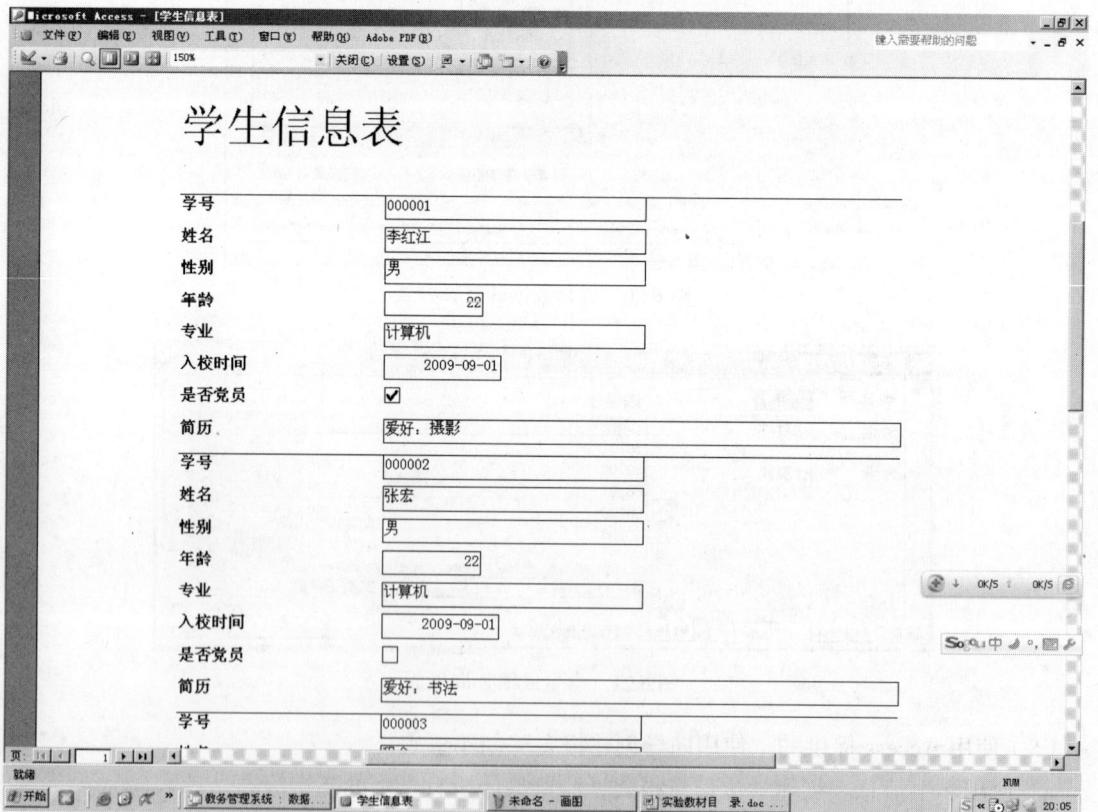

图 6.23　学生报表

6.3　练　习　题

一、选择题

1. Access 是基于_____模型的数据库管理系统。

    A）关系　　　　　　B）树型　　　　　　C）层次　　　　　　D）网状

2. _____是存储在计算机内的有结构的数据集合。

    A）网络系统　　　　B）数据库系统　　　C）操作系统　　　　D）数据库

3. 一个关系相当于一个二维表，二维表中的各列相当于该关系的_____。

    A）数据项　　　　　B）记录　　　　　　C）结构　　　　　　D）属性

4. 关系数据库管理系统存储与管理数据的基本形式是_____。

    A）关系树　　　　　B）二维表　　　　　C）结点路径　　　　D）文本文件

5. 在一个表中，能够唯一确定一个记录的字段或字段组合叫做_____。

    A）索引　　　　　　B）主键　　　　　　C）属性　　　　　　D）排序

6. 已知某一数据库中有两个数据表，它们的主键和外键是一个对应多个的关系，这两个表若想建立联系，应该建立的永久联系是_____。

    A）一对一　　　　　B）多对多　　　　　C）一对多　　　　　D）多对一

7. 不是 Access 关系数据库对象的是_____。

    A）表　　　　　　　B）查询　　　　　　C）记录　　　　　　D）数据访问页

8. 数据库管理系统是_____。

    A）应用软件　　　　B）辅助设计软件　　C）系统软件　　　　D）科学计算软件

9. 在关系数据库标准语言 SQL 中，实现数据查询的语句是_____。

    A）SELECT　　　　　B）LOAD　　　　　　C）FETCH　　　　　D）SET

10. 在数据库设计中用关系模型来表示实体和实体间联系。关系模型的结构是_____。

    A）层次结构　　　　B）二维表结构　　　C）网络结构　　　　D）封装结构

11. 在下面列出的几种语言中，哪一种是关系数据库的语言？_____。

    A）C　　　　　　　　B）FORTRAN　　　　C）SQL　　　　　　D）PASCAL

12. 用二维表来表示实体及实体之间的数据模型称为_____。

    A）面向对象模型　　B）关系模型　　　　C）层次模型　　　　D）网状模型

13. 数据库管理系统常见的数据模型有：_____3 种。

    A）网状、关系和语义　　　　　　　　　B）层次、关系和网状

    C）环状、层次和关系　　　　　　　　　D）环状、链状和层次

14. 下面选项中能够直接实现对数据库中数据操纵的软件是_____。

    A）字表处理软件　　　　　　　　　　　B）操作系统

    C）数据库管理系统　　　　　　　　　　D）编译系统

15. 系统软件中最重要的是_____。

    A）操作系统　　　　　　　　　　　　　B）语言处理程序

    C）工具软件　　　　　　　　　　　　　D）数据库管理系统

16. Access 数据库软件是一个_____数据库管理系统。

A）层次　　　　　　B）网状　　　　　　C）关系　　　　　　D）树型

17. Access 数据库软件是一个_____。

A）数据库　　　　　　　　　　B）数据库管理系统

C）应用程序　　　　　　　　　D）表

18. Access 数据库采用的数据模型是_____。

A）网状模型　　　B）关系模型　　　C）层次模型　　　D）以上都不是

19. 按照数据模型，数据库系统可分为_____三种类型。

A）大型、中型和小型　　　　　B）西文、中文和兼容

C）层次型、网状型和关系型　　D）树型、网状型和关系型

20. 在关系数据库中，数据按照_____组织。

A）树形结构　　　B）网状结构　　　C）二维表结构　　　D）环形链结构

21. Access 数据库文件的扩展名为_____。

A）MDB　　　　　B）MBD　　　　　C）DBM　　　　　D）DBD

22. 定义表结构时，不用定义_____。

A）字段名　　　B）数据库名　　　C）字段类型　　　D）字段长度

23. 不是表中字段类型的是_____。

A）文本　　　　　B）日期　　　　　C）备注　　　　　D）主键

24. 如果在数据表中有数据"¥100"，在表字段设计时应将其数据类型设计为_____。

A）文本型　　　B）数字型　　　C）货币型　　　D）日期型

25. 不合法的表达式是_____。

A）[性别]="男"Or[性别]=女

B）[性别]Like"男"Or[性别]="女"

C）[性别]Like"男"Or[性别]Like"女"

D）[性别]="男"Or[性别]="女"

26. 合法的表达式是_____。

A）成绩 between 0 And 1000　　　B）[性别]="男"Or[性别]="女"

C）[成绩]>=60 [成绩]<=100　　　D）[性别]Like"男"=[性别]="女"

27. 操作查询不包括_____。

A）更新查询　　　B）参数查询　　　C）生成表查询　　　D）删除查询

28. 在 Access 中，如果字段前有一个钥匙标记，表明该字段是_____。

A）主键　　　　　B）外键　　　　　C）索引　　　　　D）非零字段

29. 在 Access 数据库中，用_____来查看、输入、修改或删除表中的数据。

A）数据表视图　　B）大纲视图　　C）设计视图　　D）页面视图

30. Access 数据库提供了多种查询类型，以下_____是这些查询类型的通用分类方式。

A）总计查询、平均值查询、计数查询、最大（小）值查询

B）单表查询、多表查询、总计查询、SQL 查询

C）选择查询、参数查询、操作查询、SQL 查询

D）生成表查询、追加查询、更新查询、删除查询

31. 在 Access 数据库中，关于有效性规则，下列哪个说法是正确的？_____

A）有效性规则是为了保证数据的格式正确

B）有效性规则是为了防止非法的数据输入到表中

C）有效性规则是必须要进行设置的

D）有效性规则是为了提高查找和排序的效率

32. 在 Access 数据库中，有关主键的说法，下列哪个说法是不正确的？_____

    A）Access 每个表中都必须包含主键　　　B）主键可以唯一地标识每一条记录

    C）主键字段不允许包含重复值　　　　　D）主键字段不允许包含空值

33. 在 Access 数据库中，如果将一个字段设置成默认值属性，则下列说法错误的是_____。

    A）每生成一条新的记录，系统就会把该默认值插入到相应的字段中去

    B）可以输入其他数据来取代默认值

    C）可以输入表达式来定义默认值

    D）可以输入其他数据，但不可以输入表达式来定义默认值

34. 在 Access 数据库中，下列说法正确的是_____。

    A）一个数据库中的各个表的表名可以相同，但表中的列名不可以相同

    B）一个数据库中的各个表的表名可以相同，且表中的列名也可以相同

    C）一个数据库中的各个表的表名不可以相同，但表中的列名可以相同

    D）一个数据库中的各个表的表名不可以相同，且表中的列名也不可以相同

35. 在 Access 数据库中，关于表与表之间的关系，下列哪个说法是正确的？_____

    A）所有表之间都必须有关系

    B）至少有两个表之间是一对一的关系

    C）最多有两个表之间是一对一的关系

    D）多对多的关系需要由第 3 个表来描述

36. 利用导入表的方法创建表时，其操作方法是_____。

    A）先输入数据，再定义结构

    B）先定义结构，再输入数据

    C）将磁盘中已有的数据表装入到当前数据库中

    D）将磁盘中已有的数据表链接到当前数据库中

37. 在 Access 数据库中，有关外键的说法正确的是_____。

    A）设置外键是为了保证实体完整性　　　B）设置外键是为了保证参照完整性

    C）设置外键是为了保证领域完整性　　　D）设置外键是为了建立多对多的关系

38. 关系数据模型通常由三部分组成，它们是_____。

    A）关系数据结构　　　　　　　B）关系操作　　　　　C）关系约束

    D）数据通信　　　　　　　　　E）安全性要求

39. 数据库系统由_____组成。

    A）数据库 DB　　　B）数据库管理系统 DBMS　　　　　C）数据库管理员

    D）应用系统　　　E）用户

40. DBMS 是指_____，是位于_____和_____之间的管理软件。

    A）数据库管理系统　　　　　　B）系统软件　　　　　C）操作系统

    D）应用系统　　　　　　　　　E）用户

41. 数据库系统一般由_____、_____、数据库应用系统和用户所组成。

    A）表　　　　　　B）数据库 DB　　　C）数据

D）数据库管理系统 DBMS　　　　　　　　E）列

二、问答题

1. 什么是数据库系统？

2. 简述关系模型的 3 个组成部分。

3. 什么是参照完整性？数据库系统依照什么来保证参数完整性？

4. 在 Access 数据库系统中，有哪几种类型的主键？

5. 简要说明在实施参照完整性时，选择"级联更新相关字段"与"级联删除相关记录"与不进行上述选择的区别。

第7章
多媒体技术

7.1 内 容 提 要

本章学习多媒体的基本概念，多媒体计算机系统的基本概念，以及常用多媒体软件；了解媒体的定义；了解多媒体技术的基本特征；了解多媒体计算机系统的基本组成；掌握多媒体技术的应用；掌握常用多媒体软件 Photoshop、Flash、3ds Max 以及 Premiere 的使用。

7.2 实 验 内 容

实验 17 Photoshop 基本操作

1. 实验目的

（1）熟悉 Photoshop 的基本界面和基本操作。

（2）掌握照片效果的处理方法。

2. 实验内容

（1）照片效果处理

① 打开 Photoshop 程序，在"文件"菜单中选择"打开"，弹出"打开"窗口，在"实验 17"文件夹下选中"实验 17 图像素材 1.jpg"，单击"确定"按钮。则图像被打开，如图 7.1 所示。

② 在右下方的图层面板上单击"背景"图层，按下"Ctrl+J"键将图层复制一份副本以便于修改，如图 7.2 所示。

③ 单击图层面板下方的"创建新的或调整图层"按钮 ⬤ ，在弹出

图 7.1   打开的图像

的菜单中选择"色阶",此时出现色阶调整面板,可以对图层进行色阶调整如图 7.3 所示。单击"黑场吸管"按钮 , 在图片中标记的地方(岩石缝,较黑的地方,如图 7.4 箭头所示位置)单击一下,图像的色阶将进行调整,效果如图 7.5 所示。

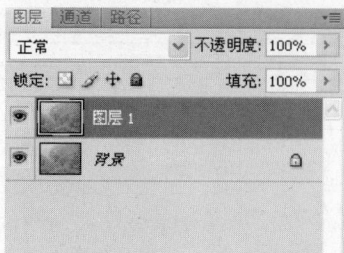

图 7.2　复制一份图像副本

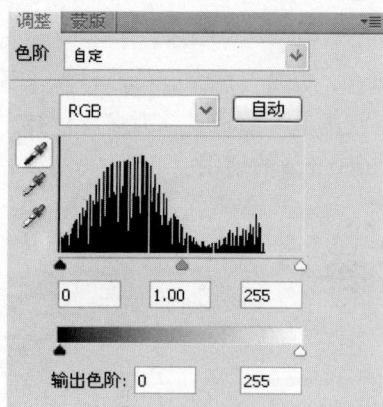

图 7.3　调整色阶

图 7.4　在图像较黑的地方取色

图 7.5　调整色阶的效果

④ 双击"图层"标签,打开图层面板,单击图层面板下方的"创建新的或调整图层"按钮 ,在弹出的菜单中选择"色相/饱和度",如图 7.6 所示,此时出现色相/饱和度调整面板。在下拉框

中选择"红色",降低饱和度为"-50",如图 7.7 所示,在下拉框中选择"黄色",增加饱和度为"+25",如图 7.8 所示,在下拉框中选择"绿色",增加饱和度为"+25",如图 7.9 所示。图像调整的效果如图 7.10 所示。

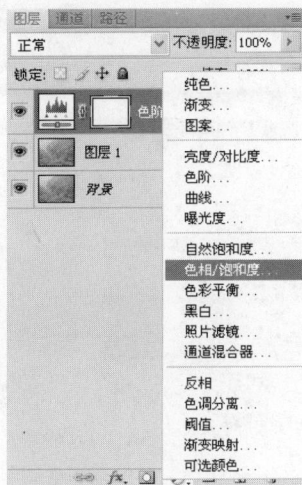

图 7.6　"发布设置"窗口

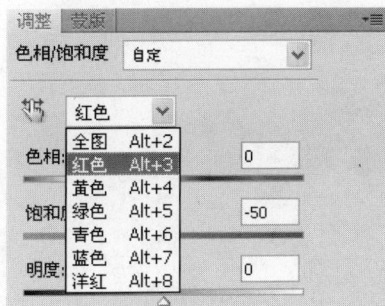

图 7.7　设置红色的饱和度

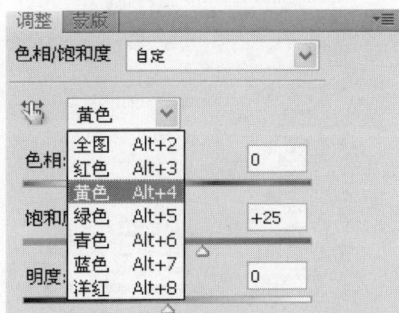

图 7.8　设置黄色的饱和度

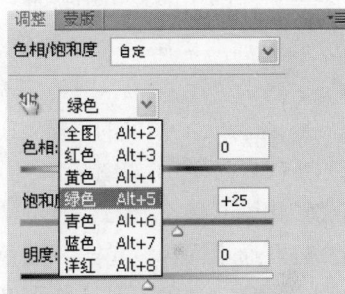

图 7.9　设置绿色的饱和度

图 7.10　调整饱和度的效果

⑤ 双击"图层"标签,打开图层面板,单击图层面板下方的"创建新的或调整图层"按钮，在弹出的菜单选择"可选颜色",此时出现可选颜色调整面板。将青色调整为"+50%",黑色调整为"+50%",如图 7.11 所示。

⑥ 双击"图层"标签，打开图层面板，单击图层面板下方的"创建新的或调整图层"按钮 ，在弹出的菜单选择"色彩平衡"，此时出现色彩平衡调整面板。选中色调为"阴影"，第 2 个滑动条向"绿色"方向调整为"+20"，第 3 个滑动条向"蓝色"方向调整为"+20"，如图 7.12 所示。

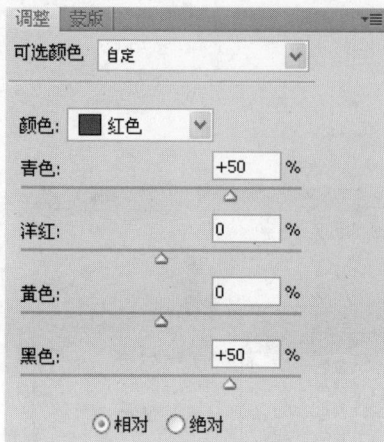

图 7.11　调整青色和黑色

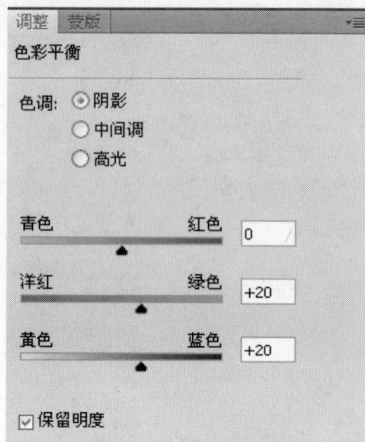

图 7.12　调整色彩平衡

⑦ 双击"图层"标签，打开图层面板，右键单击图层，在弹出的菜单中选择"合并可见图层"，将所有图层合并为一个，如图 7.13 所示。

⑧ 单击"图像"主菜单的"模式"子菜单下的"CMYK 颜色"，如图 7.14 所示，将当前模式转化为 CMYK 模式。单击"通道"标签，打开通道面板，单击"黑色"通道，仅使"黑色"通道可见，如图 7.15 所示。

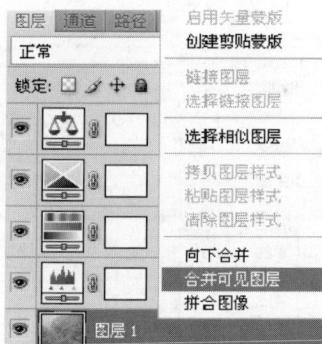

图 7.13　合并可见图层

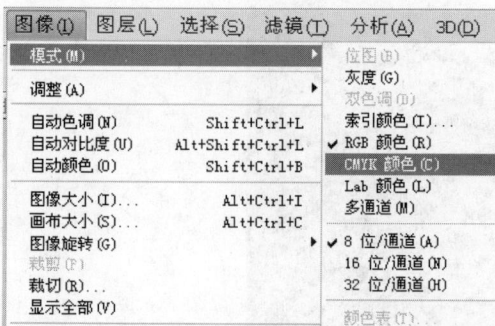

图 7.14　将图像模式转化为 CMYK 模式

图 7.15　仅使黑色通道可见

⑨ 单击"滤镜"主菜单的"锐化"子菜单下的"USM 锐化"，在弹出的窗口中设置数量为"500%"，半径为"0.2"，阈值为"0"，最后单击"确定"按钮，如图 7.16 所示。可以看到图像被锐化了一些，按下"Ctrl+F"键可以快捷重复刚才的锐化操作，图像将进一步锐化。

⑩ 单击"图像"主菜单的"模式"子菜单下的"RGB 颜色"，将颜色变回 RGB 模式。原本

模糊和偏淡的照片的效果就被增强了，如图 7.17 所示。

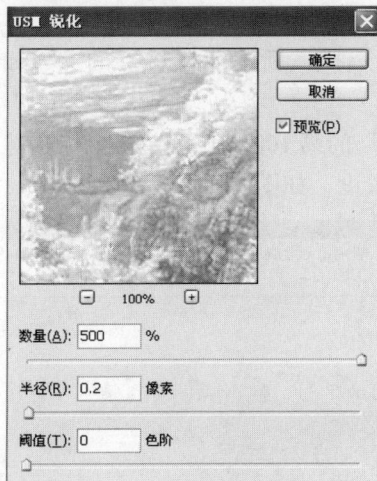

图 7.16　进行 USM 锐化

图 7.17　调整后的图像效果

（2）保存 jpg 文件

在"文件"主菜单中选择"存储为"，弹出"存储为"窗口，输入文件名为"[学号]+[姓名]+实验 17 作品"，在"格式"下拉框中选择"JPEG 格式"，如图 7.18 所示，选择合适的保存路径，单击"保存"按钮。

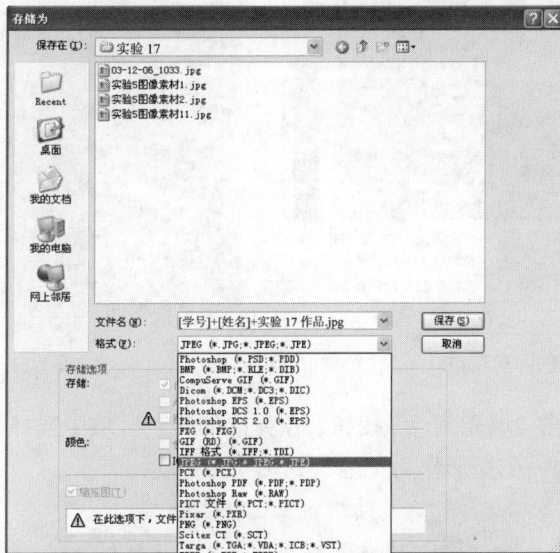

图 7.18　"另存为"窗口

实验 18　Flash 动画制作

1. 实验目的

（1）熟悉 Flash 的基本界面和基本操作。

（2）掌握用 Flash 绘制动画（白天和晚上交替）的过程。

（3）掌握制作补间动画的方法，掌握制作补间形状的方法，掌握图层的使用方法，掌握时间轴的使用方法，掌握预览和发布动画的方法。

2. 实验内容

（1）制作背景的变化过程

① 打开 Flash 程序，出现系统默认的欢迎界面，选择"新建"栏目下的"Flash 文件（ActionScript2.0）"，新建一个空白的 Flash 文件。

② 设置动画的运行时间。做法是在时间轴的"图层 1"的第 100 帧位置单击鼠标右键，在弹出菜单中选择"插入帧"这样就定义了"图层 1"的动画长度，如图 7.19 所示。

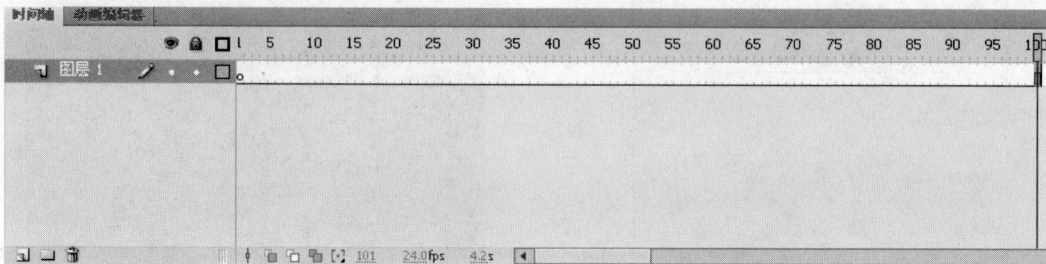

图 7.19　新建一个图层

③ 在绘图工具栏选择"矩形工具"按钮 □，单击"填充颜色"按钮，在弹出的颜色界面单击右上角的按钮 ◉，在弹出的"颜色"窗口中选择比较像天空的蓝色，如图 7.20 所示，单击"确定"按钮，拖曳鼠标画一个足够大的矩形，覆盖全部白色的画布区域，如图 7.21 所示。

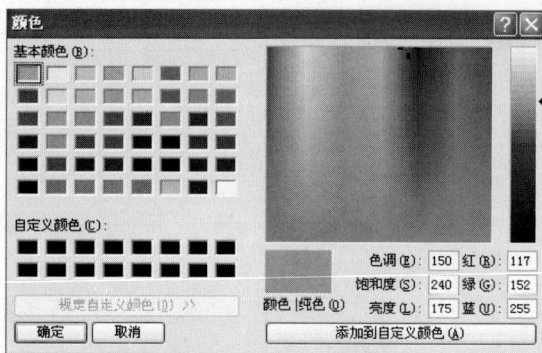

图 7.20　颜色设置窗口

图 7.21　绘制天空

④ 在绘图工具栏单击"填充颜色"按钮，在弹出的颜色区域中选择比较像土地的褐色，拖曳鼠标在刚才的矩形下方画一个矩形作为土地，如图 7.22 所示。

图 7.22　绘制土地

⑤ 在绘图工具栏选择"椭圆工具"按钮 ◯ ，选择填充颜色为绿色，绘制树冠，选择填充颜色为褐色，绘制树干，绘制效果如图 7.23 所示。

提示 如果画错可按"Ctrl+Z"键撤销。

⑥ 在绘图工具栏选择"矩形工具"按钮 ▢ ，选择填充颜色为灰色，绘制楼房轮廓和楼房上的旗杆（先不画窗户），绘制效果如图 7.24 所示。

图 7.23　绘制树木

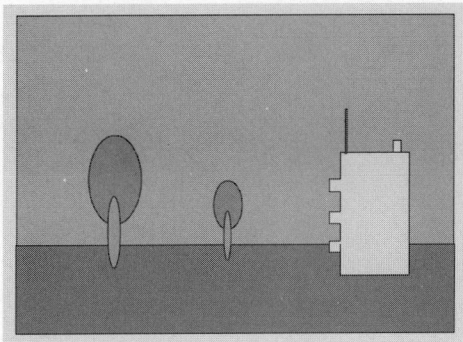

图 7.24　绘制楼房

⑦ 按下"Ctrl+A"键选中当前图层的所有内容，在选中的图形上面单击右键，在弹出的菜单中选择"转换为元件"，此时出现"转换为元件"窗口，如图 7.25 所示。将"名称"文本框输入"背景"，在"类型"下拉框中选择"图形"，单击"确定"按钮。此时刚才绘制的所有内容被转化为一个图形元件，并被自动添加到"库"里，这些内容就被作为一个整体，同时使用和修改，并且能够复用。

⑧ 在时间轴"图层 1"的第 1 至第 100 帧之间单击右键，在弹出的菜单中选择"创建补间动画"，此时"图层 1"这段区间的颜色变为浅蓝色。

⑨ 在第 25 帧位置单击左键，将输入焦点定为第 25 帧，再单击右键，在弹出的菜单中选择"插入关键帧"子菜单下的"全部"，如图 7.26 所示。用同样的方法在第 50 帧、第 75 帧位置分别插入关键帧。效果如图 7.27 所示。

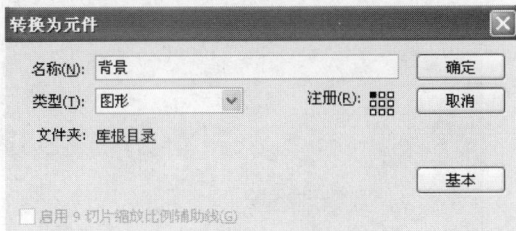

图 7.25　"转换为元件"窗口

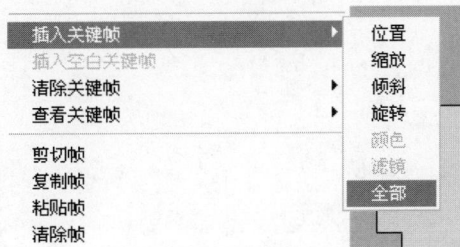

图 7.26　插入关键帧

⑩ 在绘图工具栏选择"选择工具"按钮 ▶ 。在第 25 帧位置单击左键，将输入焦点定为第 25 帧，在舞台上单击刚才绘制的背景，此时右侧"属性"栏目会出现背景图形在第 25 帧时刻的属性。在"色彩效果"栏目的"样式"下拉菜单中选择"亮度"项，通过拖动滑动条或者键盘输入，将"亮度"设置为"-60"，如图 7.28 所示，此时舞台上的背景图形颜色变暗，如图 7.29 所

示。用同样的方法将第 50 帧的"亮度"也设置为"-60",将第 75 帧的"亮度"设置为"0",如图 7.30 所示。

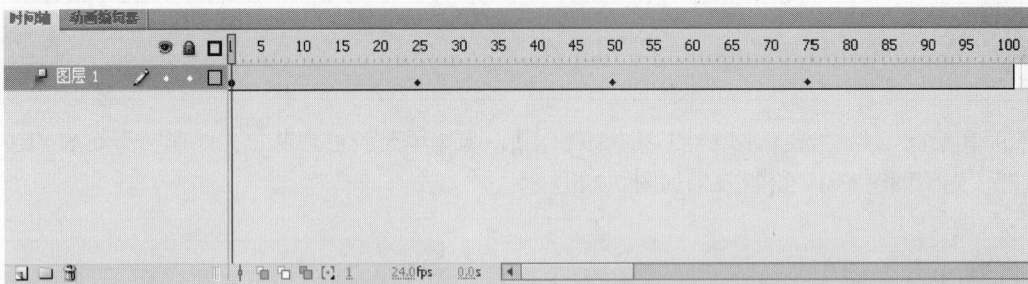

图 7.27　设置图层 3 的动画

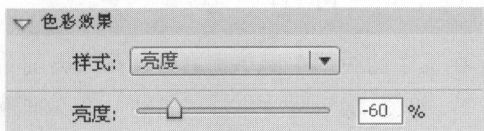

图 7.28　设置晚上的色彩效果

图 7.29　设置亮度后的效果

⑪　至此,背景的动画添加完毕,用鼠标拖动时间轴上方的刻度条可以查看每个时刻的动画过程,按"Ctrl+Enter"键可以弹出动画的预览窗口,如图 7.31 所示。这个动画从第 1～第 25 帧是白天到黑夜的过渡,第 26 帧至第 50 帧是黑夜,第 51 帧至第 75 帧是黑夜到白天的过渡,第 76 帧至第 100 帧是白天。

图 7.30　设置白天的色彩效果

图 7.31　动画的预览窗口

（2）制作楼房窗户的变化过程

①　在时间轴栏目中的左下角单击"新建图层"按钮 ，新建一个图层,如图 7.32 所示。单击在图层 1 的名称右侧的第二个小圆点,会出现一个锁的符号 ，表明图层 1 已经被锁定,不能

被修改了，这个功能可以有效地防止对已做好的图层进行错误操作。

　　② 在绘图工具栏选择"矩形工具"按钮 ，选择填充颜色为深灰色，在楼房中绘制如图 7.33 所示的窗户。

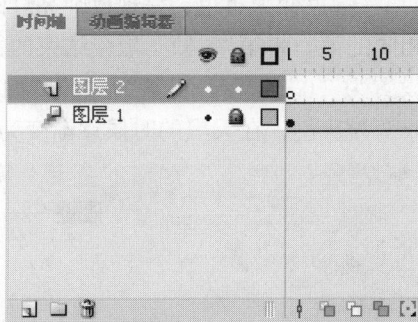

图 7.32　新建一个图层，"锁定图层 1"

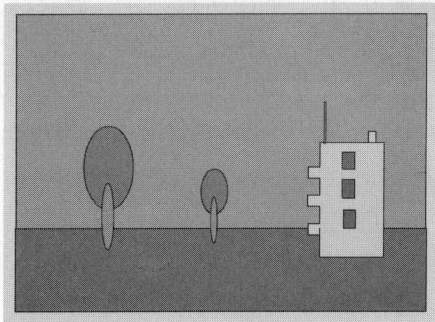

图 7.33　绘制楼房窗户

　　③ 按下"Ctrl+A"键选中当前图层的所有内容，在选中的图形上面单击右键，在弹出的菜单中选择"转换为元件"，此时出现"转换为元件"窗口，如图 7.34 所示。将"名称"文本框输入"窗户"，在"类型"下拉框中选择"图形"，单击"确定"按钮。

　　④ 在时间轴"图层 2"的第 1～100 帧之间单击右键，在弹出的菜单中选择"创建补间动画"，此时"图层 2"这段区间的颜色变为浅蓝色。

　　⑤ 在第 25 帧（黑夜开始的关键帧）位置单击左键，将输入焦点定为第 25 帧，再单击右键，在弹出的菜单中选择"插入关键帧"子菜单下的"全部"，如图 7.35 所示。用同样的方法在第 50 帧（黑夜结束的关键帧）、第 75 帧（白天开始的关键帧）位置分别插入关键帧，效果如图 7.36 所示。

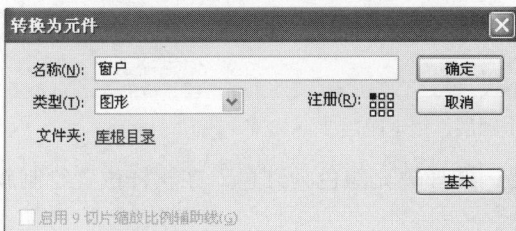

图 7.34　"转换为元件"窗口

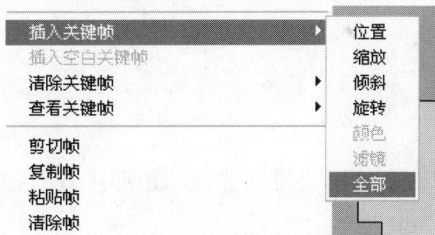

图 7.35　插入关键帧

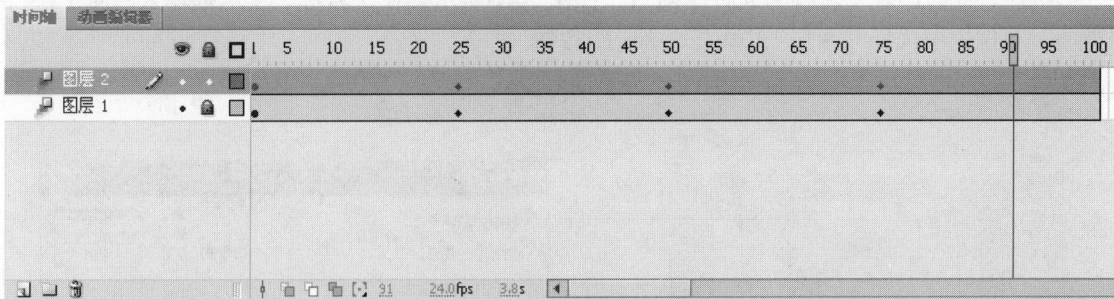

图 7.36　设置图层 2 的动画

　　⑥ 在绘图工具栏选择"选择工具"按钮 。在第 25 帧（黑夜开始的关键帧）位置单击左键，

将输入焦点定为第 25 帧，在舞台上单击刚才绘制的背景图形，此时右侧"属性"栏目会出现背景图形在第 25 帧时刻的属性。在"色彩效果"栏目的"样式"下拉菜单中选择"色调"项，通过拖动滑动条或键盘输入，将"色调"设置为"100%"，"红"设置为"255"，"绿"设置为"255"，"蓝"设置为"0"，如图 7.37 所示，此时舞台上的"窗户"颜色变为黄色，呈现夜晚亮灯的效果。用同样的方法将第 50 帧的"色调"设置为与第 25 帧相同的值。将第 75 帧（黑夜结束的关键帧）的"色调"设置为"0%"，"红"设置为"0"，"绿"设置为"0"，"蓝"设置为"0"，如图 7.38 所示。至此，窗户的动画就做好了，窗户在天亮的时候变为灰色，在天黑的时候逐渐变为黄色。

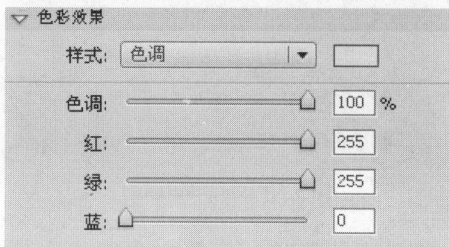

图 7.37　设置白天的窗户色彩　　　　　图 7.38　设置晚上的窗户色彩

⑦ 按"Ctrl+Enter"键可以弹出动画的预览窗口，检查动画的效果。

（3）制作旗子的变化过程

① 在时间轴栏目中的左下角单击"新建图层"按钮，新建一个图层。单击在图层 2 的名称右侧的第二个小圆点，出现一个锁的符号，锁定图层 2，如图 7.39 所示。

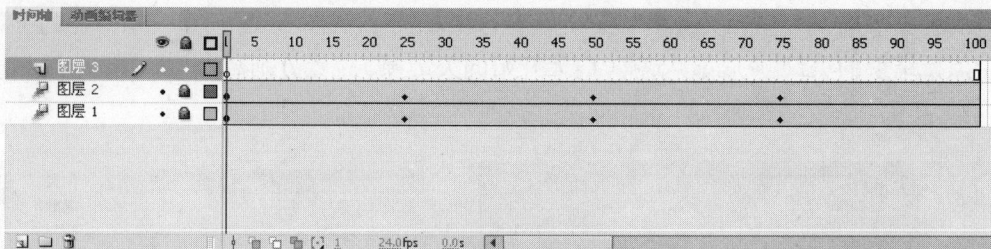

图 7.39　新建一个图层，锁定图层 2

② 在绘图工具栏选择"矩形工具"按钮，选择填充颜色为红色，在旗杆位置绘制旗子，如图 7.40 所示。

③ 按下"Ctrl+A"键选中当前图层的所有内容，在其上单击右键，在弹出的菜单中选择"转换为元件"，此时出现"转换为元件"窗口，如图 7.41 所示。在"名称"文本框输入"旗子"，在"类型"下拉框中选择"图形"，单击"确定"按钮。

图 7.40　"发布设置"窗口　　　　　图 7.41　"转换为元件"窗口

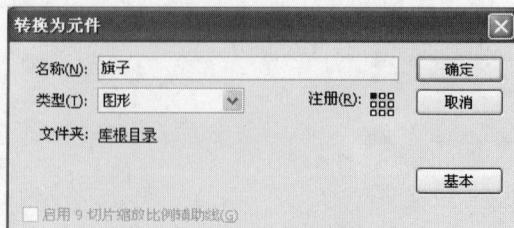

④ 在时间轴"图层 3"的第 1～第 100 帧之间单击右键，在弹出的菜单中选择"创建补间动画"，此时"图层 3"这段区间的颜色变为浅蓝色。

⑤ 在 25 帧位置单击左键，将输入焦点定为第 25 帧，再单击右键，在弹出的菜单中选择"插入关键帧"子菜单下的"全部"，如图 7.42 所示。用同样的方法在第 50 帧、第 75 帧位置分别插入关键帧，效果如图 7.43 所示。

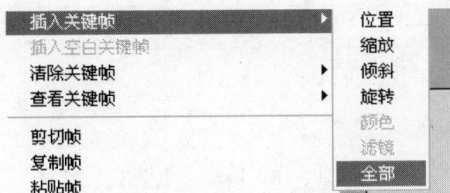

图 7.42　插入关键帧

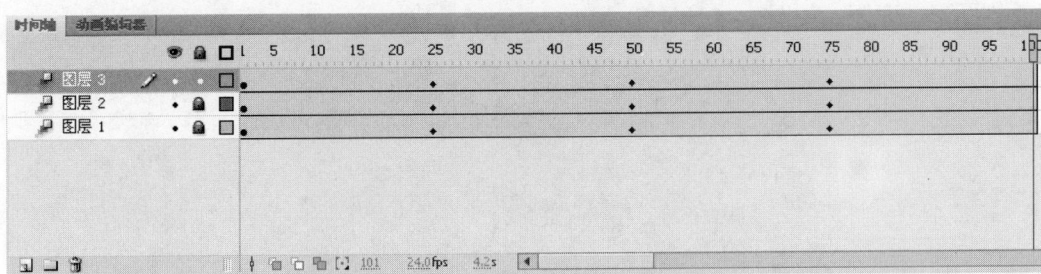

图 7.43　设置图层 3 的动画

⑥ 在绘图工具栏选择"选择工具"按钮 。在第 25 帧（表示黑夜开始的关键帧）位置单击左键，将输入焦点定为第 25 帧，在舞台上单击刚才绘制的旗子，在右侧"位置和大小"栏目中，用鼠标拖动"Y:"右侧的数字使旗子降下来，如图 7.44、图 7.45 所示。用同样的方法设置第 50 帧（表示黑夜结束的关键帧）旗子的位置，如图 7.44、图 7.45 所示，将第 75 帧旗子的位置设置为与第 1 帧相同，如图 7.46、图 7.47 所示。

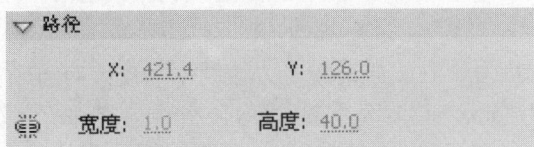

图 7.44　黑夜旗子的 Y 坐标

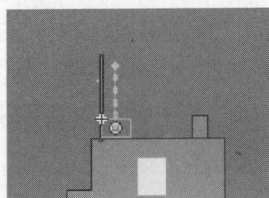

图 7.45　在黑夜的旗子

图 7.46　白天旗子的 Y 坐标

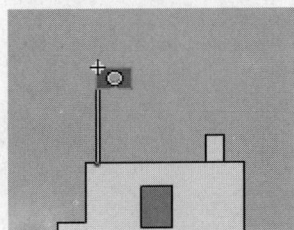

图 7.47　在白天的旗子

（4）制作太阳和月亮的交替过程

① 在时间轴栏目中的左下角单击"新建图层"按钮 ，新建一个图层。单击在图层 3 的名称右侧的第二个小圆点，会出现一个锁的符号 ，锁定图层 3，如图 7.48 所示。

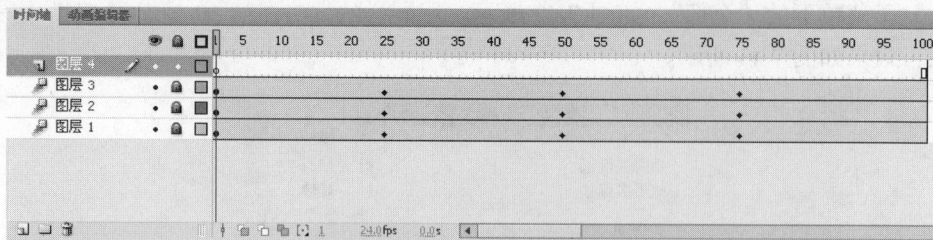

图 7.48　增加一个图层

② 在绘图工具栏选择"椭圆工具"按钮 ，选择填充颜色为红色，通过鼠标拖动在天空的上方绘制圆形的太阳，如图 7.49 所示。

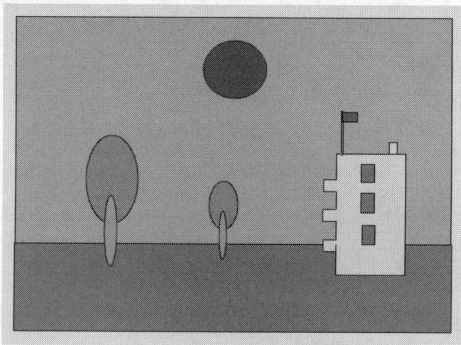

图 7.49　绘制太阳

③ 在时间轴"图层 4"的第 1～100 帧之间单击右键，在弹出的菜单中选择"创建补间形状"，此时这段区间的颜色由灰色变为绿色，表示这段动画的补间形状动作已经创建，后续的步骤里我们将添加太阳和月亮之间的变形动画。

④ 在 25 帧位置单击左键，将输入焦点定为第 25 帧，再单击右键，在弹出的菜单中选择"插入关键帧"。

⑤ 在绘图工具栏选择"椭圆工具"按钮 ，在太阳的左上方绘制一个较大的圆形，部分地遮盖住太阳，如图 7.50 所示，删掉大圆的内部颜色和多余线条，留下一个月亮的形状，如图 7.51 所示。

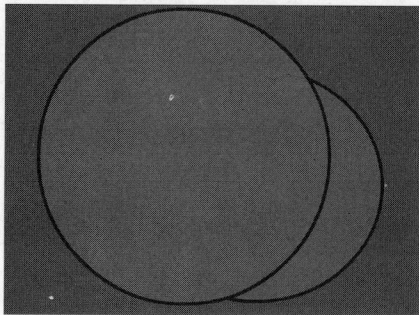

图 7.50　绘制一个大圆

图 7.51　删除多余的部分

⑥ 在工具栏选择"颜料桶工具" 🪣，选择填充颜色为黄色，用鼠标单击月亮的内部区域以填充颜色。填充效果如图 7.52 所示。

图 7.52　填充月亮的颜色

⑦ 用鼠标拖动时间轴上方的刻度条可以查看第 1 帧到第 25 帧之间的动画过程，如果动画效果不好，则到第 25 帧的位置删除月亮重新绘制；如果效果好则左键单击定位到第 25 帧，再用右键单击，在弹出菜单中选择"复制帧"，左键单击定位到第 50 帧，再用右键单击，在弹出菜单中选择"粘贴帧"。

⑧ 左键单击定位到第 1 帧，再用右键单击，在弹出菜单中选择"复制帧"，左键单击定位到第 75 帧，再用右键单击，在弹出菜单中选择"粘贴帧"。时间轴如图 7.53 所示。

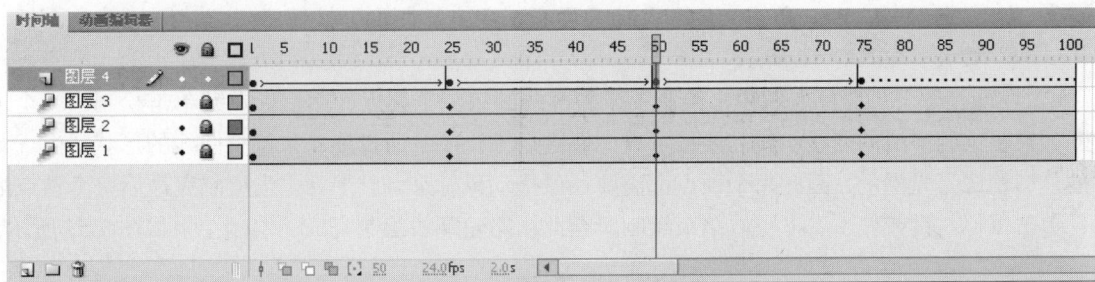

图 7.53　设置图层 4 的动画

⑨ 至此，太阳和月亮的变形动画就做好了，白天黑夜变化过程的动画就全部做好了，如图 7.54 所示。按"Ctrl+Enter"键预览动画效果。

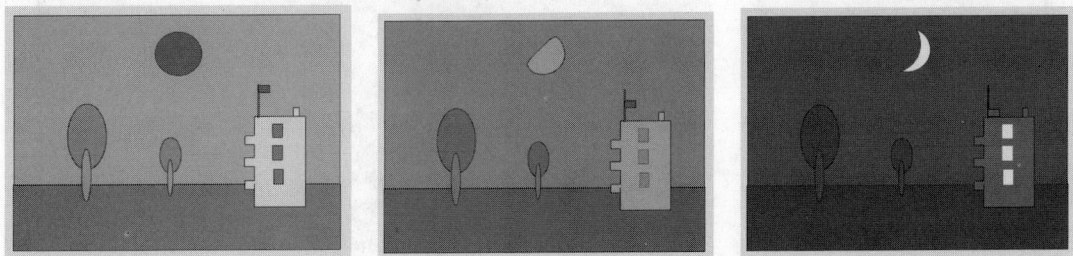

图 7.54　白天黑夜变化的过程

（5）保存 fla 文件和 swf 文件

① 按下"Ctrl+S"键将 Flash 文件保存，此时会弹出"另存为"对话框，选择合适的保存路径，把文件名命名为"[学号]+[姓名]+实验 17 作品.fla"。

② 在"文件"主菜单中选择"发布设置"，弹出"发布设置"窗口，选中 Flash 那一行，输入文件名为"[学号]+[姓名]+实验 18 作品.swf"，单击它右边的文件夹图标 📁，如图 7.55 所示，弹出"选择发布目标"窗口，

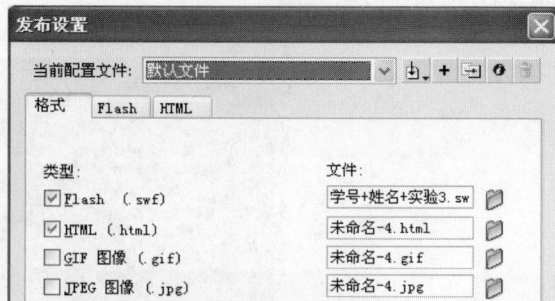

图 7.55　"发布设置"窗口

选择合适的保存路径，单击"保存"按钮。回到"发布设置"窗口，单击"发布"按钮即可发布 swf 文件。

实验 19　3ds Max 三维图形设计

1. 实验目的

（1）熟悉 3ds Max 的基本界面和基本操作。

（2）掌握制作 3ds Max 制作简单三维物体（苹果）的过程。

（3）掌握曲线绘制、车削、放样、添加材质和渲染图片等常用方法。

2. 实验内容

（1）在前视图中绘制苹果的外形轮廓线条。

① 启动 3ds Max 8.0，单击"创建"命令面板，单击"图形"按钮进入创建图形命令面板，单击"线"按钮，如图 7.56 所示。

② 在前视图上用鼠标左键单击绘制苹果轮廓线的第一个顶点，用鼠标左键单击绘制第二个顶点，如果要绘制平滑的曲线，就需要按下鼠标左键后不松手，通过拖动来调整曲线的形状。由于苹果的外形轮廓是光滑的，因此每个顶点都需要通过拖动鼠标来调整形状。当绘制完最后一个顶点之后，单击鼠标右键或按下 Esc 键以结束绘制，至此粗略轮廓线绘制完成。绘制结果如图 7.57 所示。

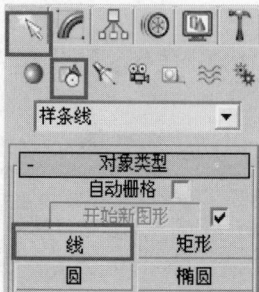

图 7.56　选择线条绘制工具

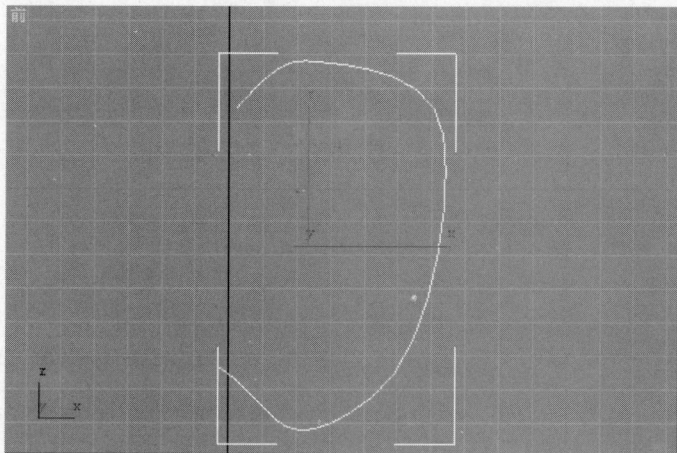

图 7.57　苹果粗略轮廓线绘制结果

③ 单击"修改"命令面板，在主视图中单击选择苹果轮廓线，单击"顶点"按钮，在工具条

上单击"选择并移动"按钮 ✛，左键单击选择顶点，对其坐标位置和切线方向进行微调，调整每个顶点，达到满意效果为止，如图 7.58、图 7.59 所示。至此，苹果的外形轮廓线条绘制完成。

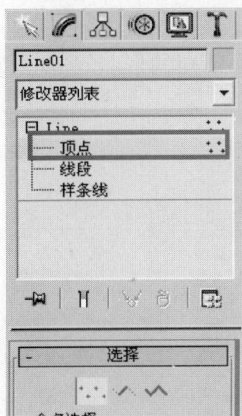

图 7.58　选择顶点按钮

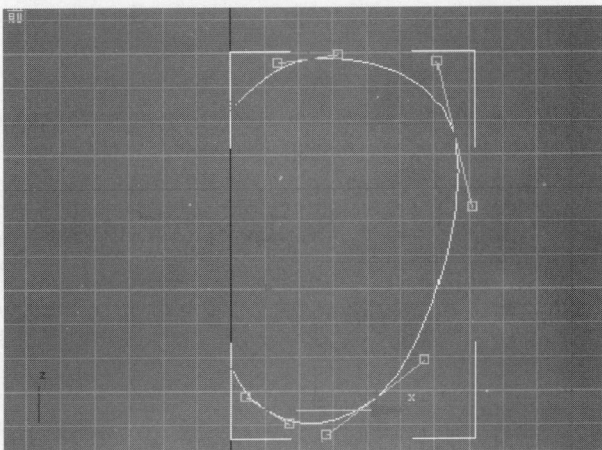

图 7.59　通过移动顶点坐标和参考点坐标来微调轮廓线

（2）由轮廓线制作苹果实体

选择轮廓线 line01，进入"修改"命令面板，在"修改器列表"下拉菜单中选择"车削"项，进入其属性面板，修改其对齐参数，如果发现苹果表面显示异常，可通过翻转法线、设置方向为 Y 轴、调整对齐方式为最小或最大来修复，如图 7.60 ~ 图 7.62 所示。

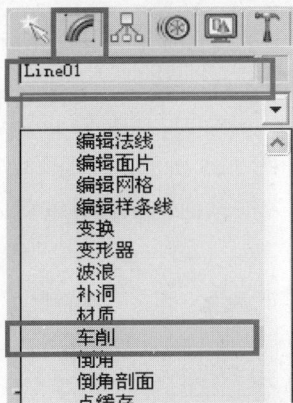

图 7.60　选择车削修改器

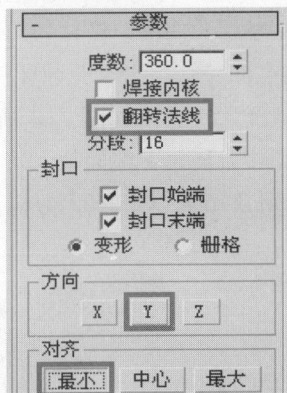

图 7.61　改变车削的参数

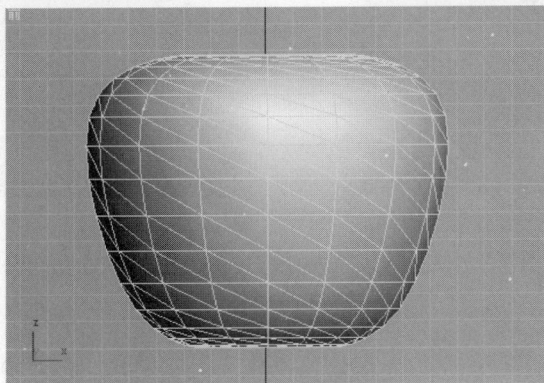

图 7.62　苹果实体前视图

（3）添加苹果的梗

① 把焦点设置到前视图中，按 F3 键，切换到只显示网格线的状态。

② 单击"创建"命令面板，单击"图形"按钮进入创建图形命令面板，单击"线"按钮（如图 7.56 所示）。

③ 用鼠标在前视图上在苹果的根部绘制一条线 line02，作为苹果梗的形状轨迹，如图 7.63 所示。

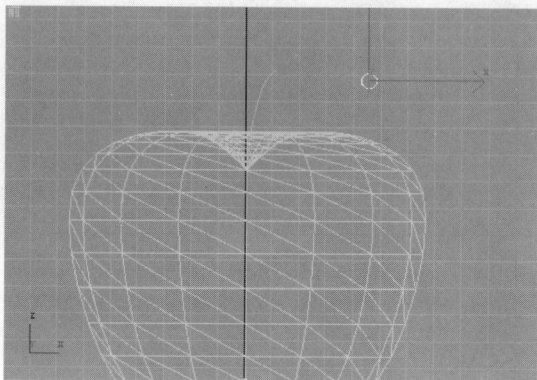

图 7.63　苹果实体前视图

④ 单击"创建"命令面板，单击"图形"按钮进入创建图形命令面板，单击"圆"按钮，用鼠标左键在苹果旁边画一个小圆，如图 7.63 所示。

⑤ 工具条上单击"选择对象按钮" ，先在前视图中单击选择苹果梗的形状轨迹 line02，再单击"创建"命令面板，单击"几何体"按钮进入创建图形命令面板，在下拉菜单中选择"复合对象"，单击"放样"按钮，如图 7.64 所示。

⑥ 点选"创建方法"属性面板上的"获取图形"，如图 7.65 所示，在视图中选择刚才画的小圆形 Circle01，则会出现以 line02 为轨迹，以 Circle01 为横截面的图形，它就是苹果的梗，如图 7.66 所示。

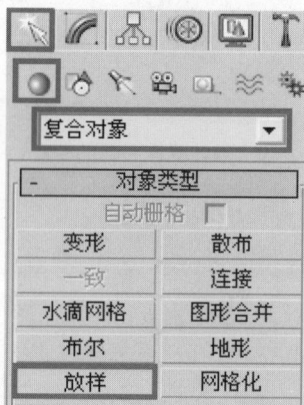

图 7.64　选择放样工具

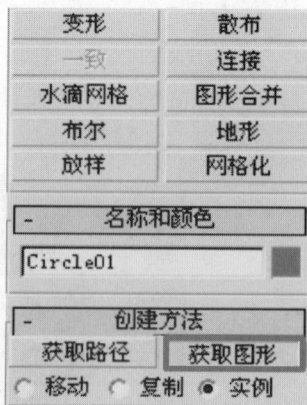

图 7.65　选择放样工具

（4）给模型添加材质

① 把焦点设置到前视图中，按 F3 键切换到显示表面的状态，按 F4 键切换到只显示表面而不显示布线的状态，如图 7.67 所示。

图 7.66 苹果梗模型

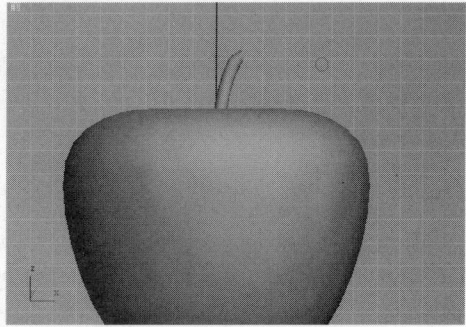

图 7.67 只显示面而不显示线的状态

② 在工具条上单击"材质编辑器"按钮，弹出"材质编辑器"窗口，如图 7.68 所示。选中第一个材质球，单击下面"Blinm"属性面板上"漫反射"属性的右侧灰色小按钮，弹出"材质／贴图浏览器"窗口，如图 7.69 所示。在右侧列表中选择"位图"，并单击"确定"按钮，弹出"选择位图图像文件"窗口，如图 7.70 所示。在"实验 7 素材"文件夹下选择"实验 7 贴图.jpg"，并单击"打开"按钮，此时第一个材质球被赋予了苹果的材质，用鼠标把它拖到任意视图下的苹果模型中，就为苹果赋予了材质，在"视图"菜单的选项中选择"激活所有贴图"，如图 7.71 所示，苹果的材质就显示出来了，如图 7.72 所示。

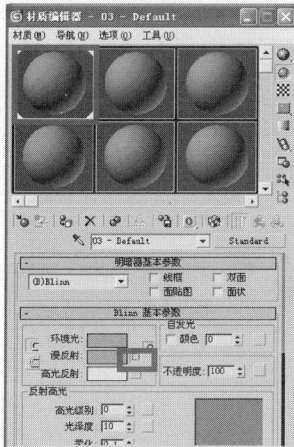

图 7.68 材质编辑器

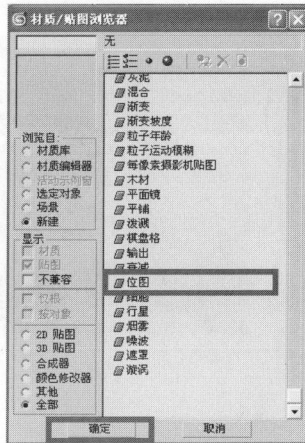

图 7.69 材质/贴图浏览器

图 7.70 选择位图图像文件

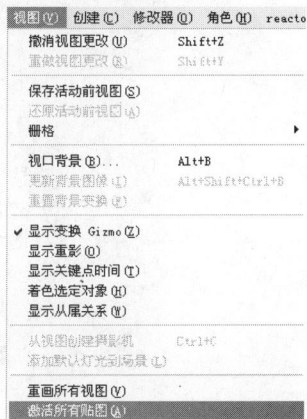

图 7.71 激活所有贴图

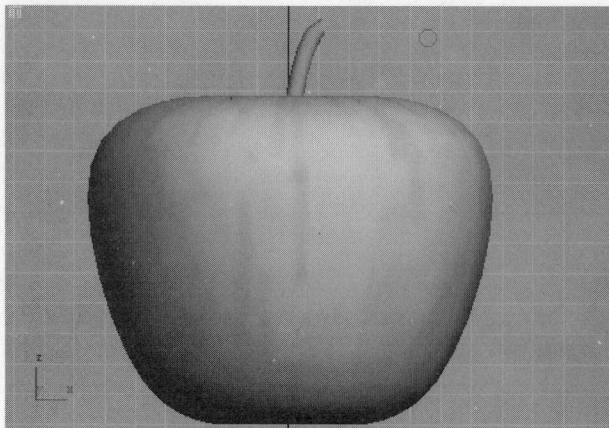

图 7.72　激活贴图后的效果

③ 在"材质编辑器"窗口选中第二个材质球，单击下面"Blinm"属性面板上"漫反射"属性的右侧深灰色区域，弹出"颜色选择器"窗口，如图 7.73 所示。用鼠标在"色调"、"黑度"和"白度"上面选取合适的颜色（应选择类似深褐色的颜色），并单击"关闭"按钮，此时第二个材质球被赋予了苹果梗的材质，用鼠标把它拖到任意视图下的苹果梗模型中，就为苹果梗赋予了材质，如图 7.74 所示。

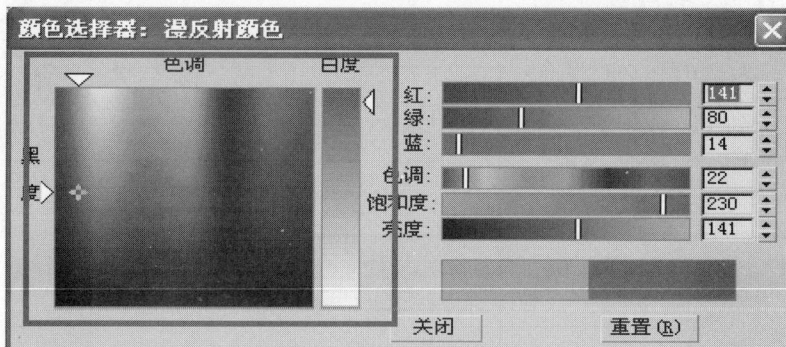

图 7.73　激活贴图后的效果

图 7.74　给苹果梗赋予材质的效果

（5）渲染成图片并保存

把焦点设置到透视图下，把苹果用鼠标调整到合适位置，按下 F9 键，弹出快速渲染窗口，如图 7.75 所示，单击它左上角的"保存"按钮▉，在弹出的"浏览图像供输出"窗口中，选择合适的保存路径，将文件命名为"学号+姓名+实验 7 作品"，在"保存类型"下拉列表中选择"PNG文件"，单击"保存"按钮，如图 7.76 所示。

最后按 Ctrl+S 键保存，退出，苹果的全部制作就已经完成了。

图 7.75　快速渲染窗口

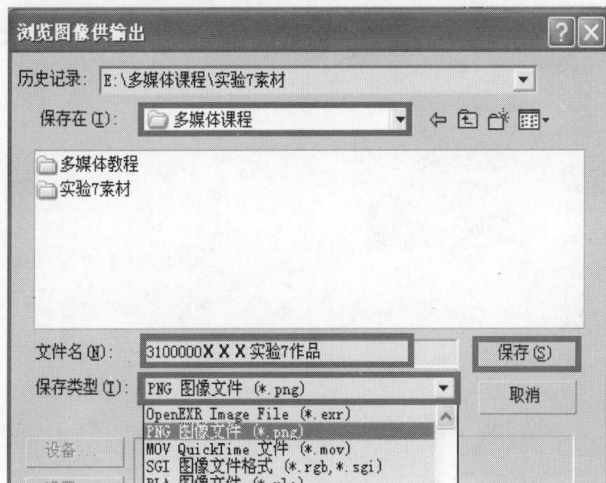

图 7.76　图像输出窗口

实验 20　Premiere 音频编辑

1. 实验目的

（1）熟悉 Premiere 的基本界面和基本操作。

（2）掌握制作 Premiere 处理视频的过程。

（3）掌握视频和音频的导入、剪切、拼接、过渡、合成以及导出等常用方法。

（4）实现流行的网络视频《春运帝国》的部分制作。

2．实验内容

（1）导入素材

① 启动 Premiere，在欢迎窗口单击"新建项目"，如图 7.77 所示，弹出"新建项目"窗口，如图 7.78 所示。在"名称"文本框中填写"[学号]+[姓名]+实验作品"，单击"位置"的设置行右侧的"浏览"按钮，设置存放项目文件的路径。单击"确定"按钮，进入主界面。

图 7.77　欢迎窗口

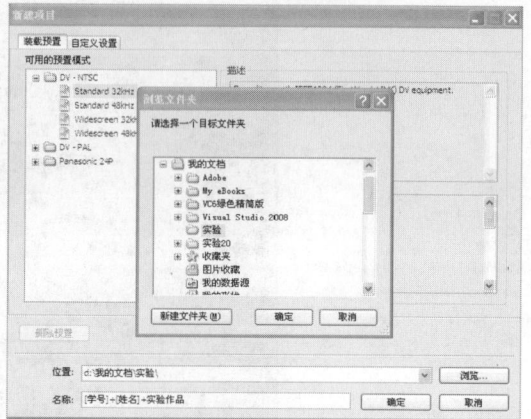

图 7.78　创建项目窗口

② 在"文件"菜单下选择"导入"，在弹出的"导入"窗口中选择"实验"文件夹下的所有素材文件，单击"打开"按钮，将所有素材导入到工作区，如图 7.79 所示。

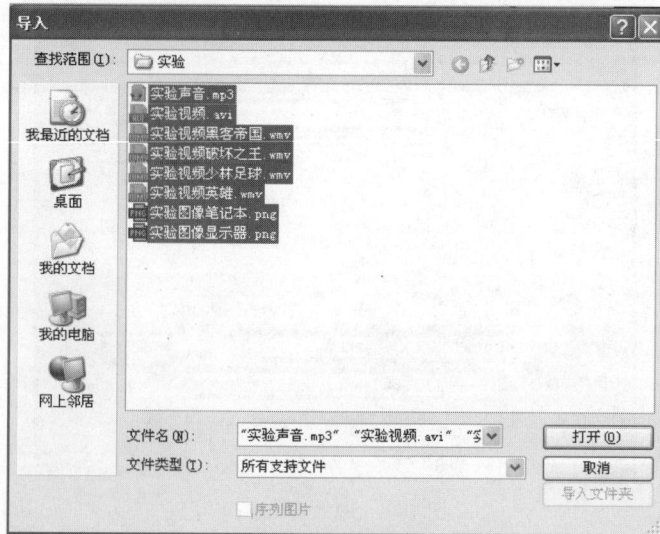

图 7.79　导入素材

（2）截取视频

① 在左侧"项目"栏目中选中"实验视频英雄"，如图 7.80 所示，用鼠标将其拖动到下方"时间线"栏目的"视频 1"行中，对齐左侧的 0 刻度，此时时间条上出现视频的进度信息，如图 7.81 所示。

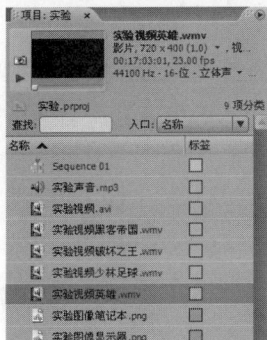

图 7.80 "项目"栏目

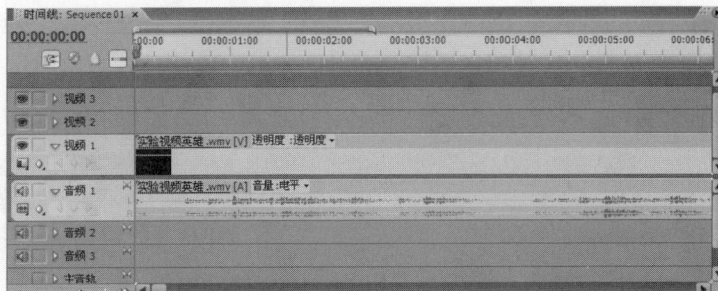

图 7.81 "时间线"栏目

② 在右上方"节目"栏目里可对视频进行浏览和定位，如图 7.82 所示，通过用鼠标拖动粗调滑块 ![](和微调旋钮 ![]，将视频调节至"00：04：55：18"附近，单击"设置入点"按钮 ![，设置视频节选的入点。继续用同样的方法将视频调节至"00：04：59：14"附近，单击"设置出点"按钮 ![。至此，要截取的视频就被设置好了，可以按下播"放入点到出点"按钮 ![查看截取的视频。此步骤目的是截取秦王讲话视频。

③ 使用"时间线"栏目的左下角的时间比例缩放工具 ![将时间

图 7.82 "节目"栏目

比例缩小，直到整个视频的播放过程都呈现在时间轴上为止。用鼠标拖动视频的右边缘至第②步截取的出点的时间位置，会自动吸附对齐。同样拖动视频的左边缘至第②步截取的入点的时间位置，使其自动吸附对齐。使用"时间线"栏目的左下角的时间比例缩放工具 ![将时间比例放大，使视频呈现合适的显示比例。至此，视频已经被截取完毕，如图 7.83 所示。

图 7.83 按照入点和出点截取视频的过程

111

（3）去掉音频

在"时间线"栏目里选中刚才截取的视频片段单击右键，在弹出的菜单中选择"解除视音频链接"，此时它的视频和音频被分离开，单击附近空白区域解除选中状态，再单击选中音频，按下"Del"键删除，此时视频的音频被去掉，如图 7.84 所示。

图 7.84　去掉音频后的效果

（4）编辑视频

① 在"时间线"栏目里选中刚才截取的视频片段并拖动到时间轴的零刻度（即主视频的开始位置），单击上方的坐标尺，将滑块 拖动至时间轴的零刻度，如图 7.85 所示。

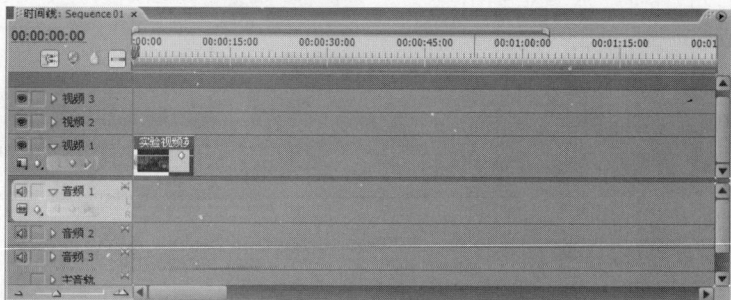

图 7.85　将视频和时间滑块都拖到零刻度

② 右键单击视频片段，在弹出的菜单中选择"复制"，同时按下"Ctrl+Shift+V"键，以插入的方式粘贴它的拷贝。反复按下可多次粘贴，效果如图 7.86 所示。

图 7.86　复制并以插入方式粘贴视频片段

（5）插入音频素材

① 在"项目"栏目中选择"实验声音.mp3"，如图 7.87 所示，将它拖到"时间线"栏目的"音频 1"行，如图 7.88 所示。

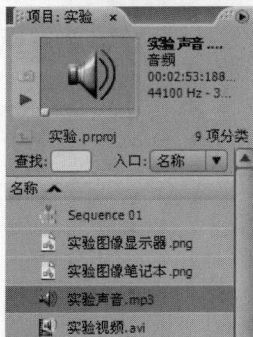

图 7.87　选择音频素材

图 7.88　插入音频素材

② 在"节目"栏目播放影片，根据提供的原作品范例，判断视频和音频是否匹配，按照音频的进度适当地用"Ctrl+Shift+V"组合键增加视频片段的拷贝数量，或者用"Del"键减少数量，如果最后音频的结束时间长度仍有较细小的偏差，可以通过鼠标拖动最后一个视频的结尾进行调整。

（6）合成图像素材

① 在"项目"栏目中选择"实验图像笔记本.png"，如图 7.89 所示，将它拖到"时间线"栏目的"视频 2"行，如图 7.90 所示。

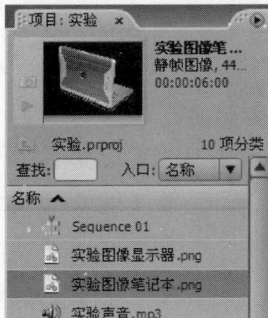

图 7.89　选择图像素材

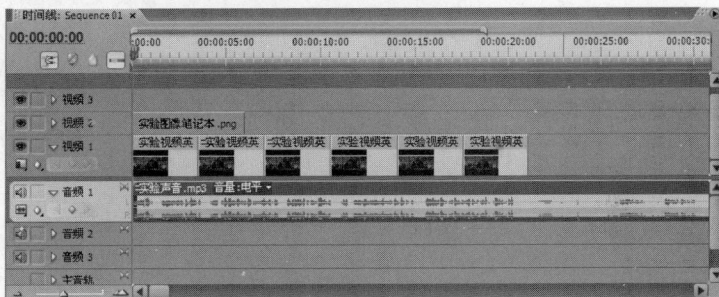

图 7.90　插入图像素材

② 拖动图像在时间线中的时间条尾部，使图像的时间条和视频 1 中视频片段对齐，如图 7.91 所示。此操作用来调整图像的存在时间。

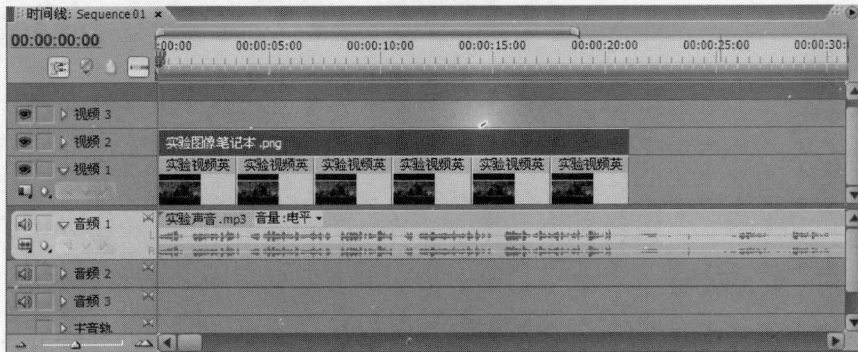

图 7.91　调整图像的存在时间

③ 在"节目"栏目的影片预览窗口单击笔记本图像，出现编辑框，如图 7.92 所示。调整图像至合适大小、角度、位置，调整完毕后单击空白区域取消选定，如图 7.93 所示。

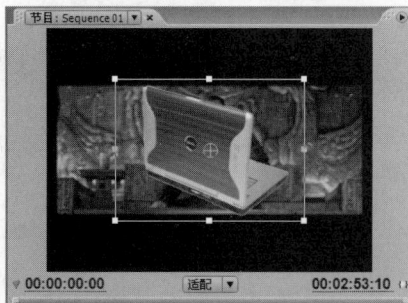

图 7.92　单击笔记本图像

图 7.93　将其调整

④ 用同①②③一样的方法插入"实验图像显示器"，即显示器边框，并调整时间和视频 1 的片段一致，调整图像到合适位置，如图 7.94 所示。

图 7.94　插入显示器边框

⑤ 此时如果要继续添加图像或视频等素材，需要添加视频轨道，在"时间线"栏目的左侧单击鼠标右键，在弹出的菜单中选择"添加轨道"，如图 7.95 所示，在弹出的"添加视音轨"窗口中，在"视频轨"项目中输入添加"2"条视频轨，单击"确定"按钮，如图 7.96 所示，在"时间线"栏目里增加了两条视频轨道。

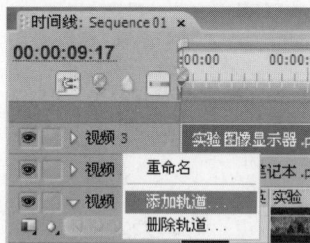

图 7.95　插入图像素材

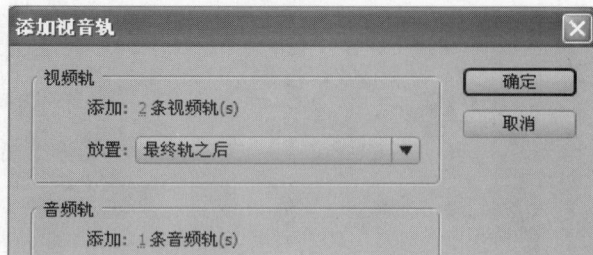

图 7.96　插入图像素材

⑥ 用同①②③一样的方法插入"实验图像"，即黑色图片，并调整时间和视频 1 的片段一致，调整图像，把原视频的字幕遮盖，如图 7.97 所示。

图 7.97　遮盖字幕

（7）合成其他视频素材

① 参照上述方法，将视频"实验视频少林足球.wmv"加入"时间线"栏目中的"视频 5"层，运用我们所学过的方法，根据原作品截取合适的情节片段，调整至和视频 1 的长度相同，按照所学过的方法，将此视频调整到整体视频中显示器位置，如图 7.98 所示。

② 此时发现插入的视频尺寸与显示器边框不一致，为修正此问题，单击"效果控制"切换到对应的栏目，单击"视频特效"中"运动"左侧的白色小三角形，在下拉列表中单击取消"等比"的选项，如图 7.99 所示，之后在"节目"栏目里拉伸刚才插入的视频片段至合适比例，效果如图 7.100 所示。

图 7.98　插入视频并调整

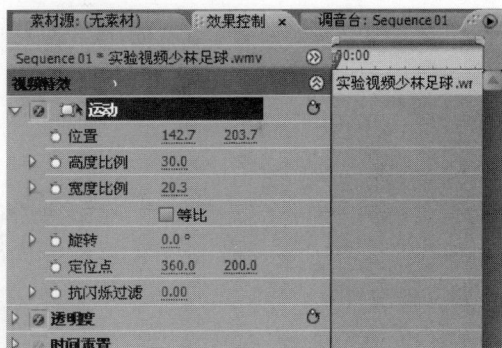

图 7.99　修改插入视频的运动特效

图 7.100　修改插入视频的比例

（8）插入视频片段并拼接

① 运用我们所学过的方法，将视频"实验素材.wmv"、"实验视频破坏之王.wmv"、"实验视频黑客帝国.wmv"等加入"时间线"栏目中的"视频 1"层并根据原作品截取合适的情节片段，并将它们按照原作品的顺序在"视频 1"同一层次中依次排列组合，如图 7.101 所示。（注意：此过程需要删除这些视频中的音频信息，但不要直接在视频 1 层上操作，以免影响原有的音频。可以在别的视频层上操作，截取好了之后再拖回视频 1 层上依次拼接。）

② 在"节目"栏目播放影片，根据提供的原作品范例，判断视频和音频是否匹配，并用鼠标对"时间线"栏目的各视频片段的长度进行拖动调整，反复进行操作，直至达到满意效果，如图 7.101 所示。

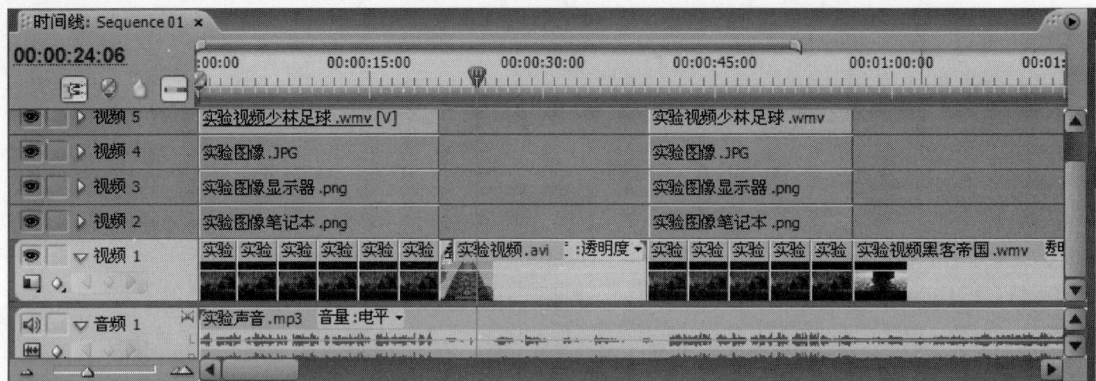

图 7.101　拼接多个视频

③ 此步骤将加入视频切换的效果。在左下角的栏目中单击"效果"切换到对应的栏目，单击"视频切换效果"中"叠化"，在下拉列表中选择"叠化"，如图 7.102 所示，将其拖到视频之间衔接的位置，效果如图 7.103 所示。

图 7.102　选择视频切换效果

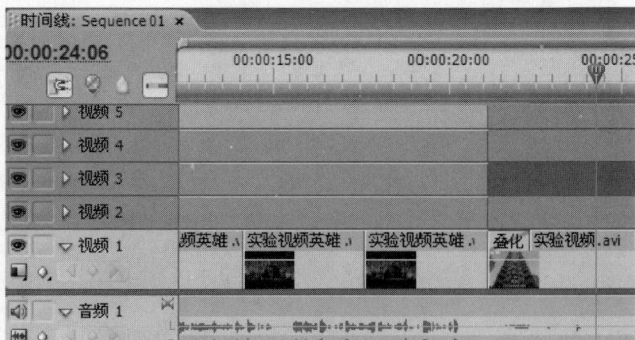

图 7.103　添加视频切换效果

（9）导出视频

在"文件"菜单中选择"导出"子菜单下的"影片"，弹出"导出影片"窗口，将文件命名为"学号+姓名+实验作品.avi"，单击"保存"按钮。

最后按 Ctrl+S 组合键保存并退出，全部制作就已经完成了。

7.3　练　习　题

一、选择题

1. 在动画制作中，一般帧速率选择为_____。

　　A）30 帧/秒　　　　　B）60 帧/秒　　　　　C）90 帧/秒　　　　　D）120 帧/秒

2. 超文本和超媒体的主要特征是_____。

　　①多媒体化；②网络结构；③交互性；④非线性。

　　A）①、②　　　　　B）①、②、③　　　　　C）①、④　　　　　D）全部

3. 视频卡的种类很多，主要包括：_____。

　　①视频捕获卡；②电影卡；③电视卡；④视频转换卡。

　　A）②、③　　　　　B）①、②　　　　　C）①、②、③　　　　　D）全部

4. 下面属于输入设备的是_____。

　　A）麦克风　　　　　B）音箱　　　　　C）键盘

　　D）鼠标　　　　　E）CD-ROM

5. 作为信息的载体，以下哪些媒体可以作为多媒体的组合成员？_____。

　　A）文本　　　　　B）声音　　　　　C）图形　　　　　D）图像　　　　　E）动画

6. 数字音频的文件格式有_____。

　　A）GIF　　　　　B）WAV　　　　　C）VOC　　　　　D）MID　　　　　E）JPG

7. 静态图像的文件格式有_____。

　　A）GIF　　　　　B）TIF　　　　　C）TGA　　　　　D）BMP　　　　　E）PCX

8. 频冗余主要表现为_____。

　　A）空间冗余度　　　　　B）程序冗余　　　　　C）时间冗余度

　　D）频域冗余度　　　　　E）数据冗余度

9. 下列哪种多媒体创作工具是基于时间的？_____

　　A）Authorware　　　　　B）Icon Author　　　　　C）Director　　　　　D）Delphi

二、问答题

1. 视频处理中，我们可以综合利用哪些素材进行编辑？

2. 在日常学习生活中观察经过专业处理的视频，指出其运用了哪些编辑技术？

3. RGB 颜色和 CMYK 颜色在通道方面的区别是什么？为什么要先转化为 CMYK 颜色再进行锐化？

4. 为什么需要用到多个图层？图层之间按照什么次序进行叠放？

5. 猜测一下苹果的材质图片是用什么工具做的？怎么做的？

6. 对模拟媒体进行数字化，具有什么优点？

7. 视觉系统是如何感知颜色的？

8. 简述多媒体创作的一般过程。

第8章
计算机网络基础

8.1 内 容 提 要

本章学习计算机网络概念、功能、组成、分类，Internet 基础以及物联网。理解计算机网络的基本概念，掌握 TCP/IP 协议以及 IP 地址分类，掌握浏览器的基本操作以及创建、发送和接收电子邮件。

8.2 实 验 内 容

实验 21 Internet 的应用

1. 实验目的

（1）熟悉 Internet Explorer 启动方法和界面设置。

（2）掌握 Internet Explorer 基本选项设置。

（3）掌握网页浏览、页面保存、页面图片保存方法。

（4）掌握收藏夹的管理方法。

（5）掌握信息检索的方法。

（6）掌握下载文件的方法。

2. 实验内容

（1）运行 Web 浏览器程序 Internet Explorer

从桌面双击 Internet Explorer 图标。

（2）访问指定的 Web 站点

访问中国教育科研网的 Web 主页，其网址是 http://www.edu.cn。正确输入 URL 后，在浏览器窗口中将显示中国教育网主页，如图 8.1 所示。

（3）使用 Web 页中的超文本链接

单击 Web 页面上的任何超链点就可以直接转移到与之关联的 Web 页面或其他内容中去。通过将鼠标器指针在 Web 页面上移过某项时出现的形状，可以判断该项是否为超链点。如果指针变成手形，表明此项是超链点。在超链点上单击，可以实现 Web 页面的转移。

图 8.1 中国教育网主页

（4）使用 Internet 网络搜索引擎查找所需信息

Internet 常用网络搜索引擎，如表 8-1 所示。

表 8-1 常用搜索引擎域名地址

搜索引擎名称	域 名 地 址	搜索引擎名称	域 名 地 址
天网中英文搜索引擎	http://e.pku.edu.cn	网易搜索	http://so.163.com
Yahoo 中国	http://cn.yahoo.com/	北极星搜索	http://www.beijixing.com.cn/
Google	http://www.google.com	21CN 搜索	http://search.21cn..com/
百度	http://www.baidu.com	TOM 搜索	http://i.tom.com

这些搜索引擎有一个共同的特点，就是在 Web 主页上有一个接受输入搜索关键字的文本框和一个开始搜索的按钮。因此，它们的使用方法基本相同：在文本框中输入搜索关键字，然后单击开始搜索按钮，搜索引擎便进入搜索操作，搜索结束后将搜索的结果显示在 Internet Explorer 窗口内。

（5）返回已浏览过的主页

很多时候，要重新查看刚刚浏览过的网页，这时不需要像第一次浏览时在地址栏中输入 URL，可以利用 Internet Explorer 提供的"历史记录"，迅速返回已浏览过的网页。

（6）设置起始点

起始页是 Internet Explorer 启动时显示的第一页，它既可以是存储在计算机中的网页，也可以是 WWW 中的某一页。Internet Explorer 默认起始页的 URL 是 http://home.microsoft.com。将中国教育科研网的主页设置成初始页，如图 8.2 所示。在任何时候用户单击工具栏中的"主页"按钮，Internet Explorer 都会快速定位到起始页。

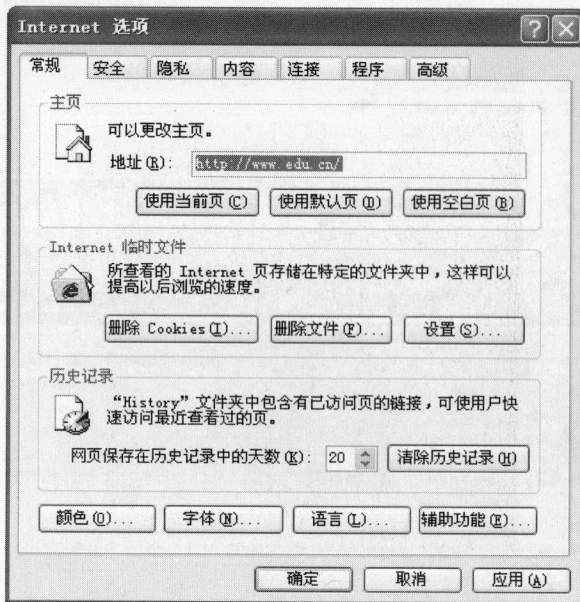

图 8.2　"Internet"选项窗口

（7）存储网页信息

① 保存 Web 页中的指定图片。

将 http://www.edu.cn 网页上左边的图片，保存到 D 盘 "Experiment\Network\www" 文件夹中（文件名为 tupian.jpg），如图 8.3 所示。

图 8.3　"保存为"对话框

② 将正在浏览的 Web 页内容存储起来供以后查询。

将中国教育和科研计算机网的 Web 主页以文件名 "Cernet.htm" 保存到 D：\WWW 文件夹中。

另外，当前浏览的网页，除了可以用 HTML 格式保存到磁盘上，还可以用文本格式来保存网页的内容。用 HTML 格式存储的网页可以用 Internet Explorer 浏览，并且能够保留布局和排版信息，而用文本格式存储的主页仅仅包含网页中的文字信息，网页中的超链点和多媒体信息，如图片、电影、声音等是无法保存的。

③ 存储正在浏览中的网页的部分内容。

a．在 http://www.edu.cn 的 Web 主页上选中要保存的内容。

b．利用剪切板，把选中内容复制到剪切板。打开记事本或 Word，选择"粘贴"操作，把复制到剪切板的内容粘贴到记事本或者 Word 文档中。

c．保存当前文件夹。

（8）建立并使用个人收藏夹

将当前主页 URL 加入到"收藏夹"中。

选择"收藏" | "添加到收藏夹"菜单命令，弹出"添加到收藏夹"对话框，如图 8.4（a）所示。

一般情况下，主页都有自己的名称。如果用户要自己给它命名，可在"名称"编辑框中输入主页的新名称。

如果要选择主页的收藏位置，可单击"创建到"按钮，弹出"创建到"列表框，如图 8.4（b）所示。

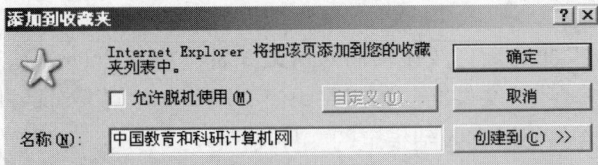

（a）

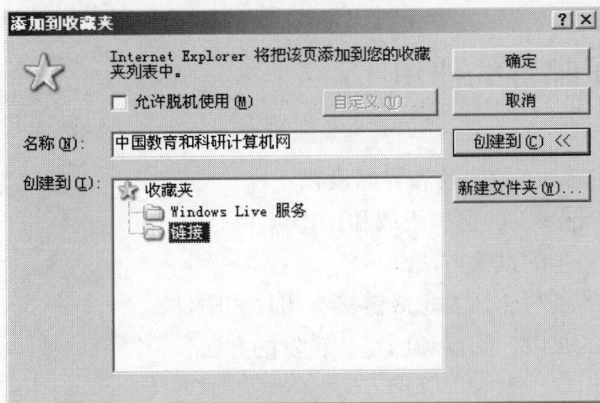

（b）

图 8.4　使用个人收藏夹

在"创建到"列表框中选择合适的文件夹。如果没用合适的文件夹，可以利用"新建文件夹"按钮，创建新的文件夹，然后打开新创建的文件夹。单击"确定"按钮，即完成收藏 URL 地址的操作。

要打开存储在"收藏"中的主页，可在菜单栏的"收藏夹"下拉菜单中，选择要浏览的主页；或在工具栏上单击"收藏"按钮，然后选择要浏览的主页即可。

（9）整理收藏夹

① 打开菜单栏"收藏" | "整理收藏夹"；或在左窗格显示收藏夹界面时，单击"整理"按钮，弹出"整理收藏夹"对话框，如图 8.5 所示。

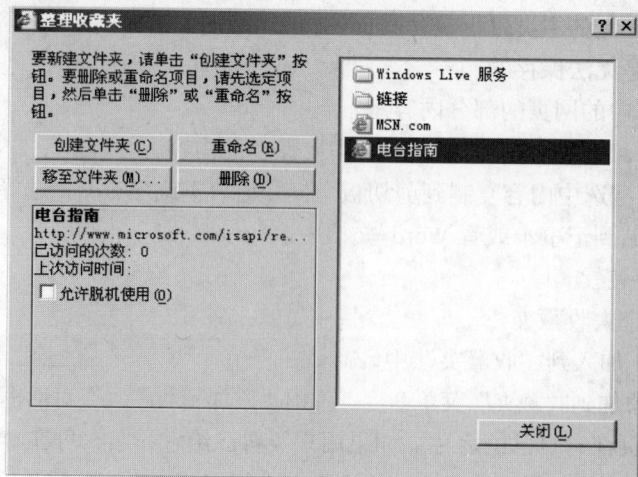

图 8.5　"整理收藏夹"对话框

② 单击"创建文件夹"按钮，可在对话框右侧收藏夹列表中创建一个以"新文件夹"命名的文件夹。

③ 选中对象，单击"重命名"按钮，输入新文件名，并按 Enter 键。

④ 选中文件，单击"移至文件夹"按钮，弹出"浏览文件夹"对话框，选定目标文件夹后，单击"确定"按钮，该文件便被移入到指定的文件夹。

⑤ 选中要删除的对象，单击"确定"按钮，弹出"确认文件删除"对话框，选择"是"按钮，该对象便被删除。

实验 22　电子邮件的使用

1．实验目的

（1）掌握 Outlook Express 的启动和界面设置。

（2）熟悉 Outlook Express 的窗口组成和操作。

（3）掌握电子邮件账号的设置方法。

（4）掌握电子邮件的撰写（插入超级链接、图片和附件）。

（5）掌握电子邮件的收发、阅读和回复、转发的方法。

（6）掌握电子邮件保存、删除等管理方法。

（7）掌握免费邮箱的申请和使用。

2．实验内容

（1）申请免费邮箱

在因特网上，许多网络服务提供商提供免费邮箱业务。例如：126、搜狐等网站。要申请免费邮箱，可以访问这些网站，使用网站提供的申请免费邮箱向导，可以申请到免费邮箱。首先申请一个免费邮箱，得到的信息如下：外发邮件服务器（POP3）的地址、接收邮件服务器（SMTP）的地址、电子邮件地址、账号名和密码等内容。

（2）启动 Outlook Express

系统运行后出现如图 8.6 所示窗口。

（3）设置电子邮件账号

电子邮件是通过 Internet 发送的，所以在使用 Outlook Express 发送、接收邮件之前，首先必须对它进行设置，建立 Internet 可访问的账号。

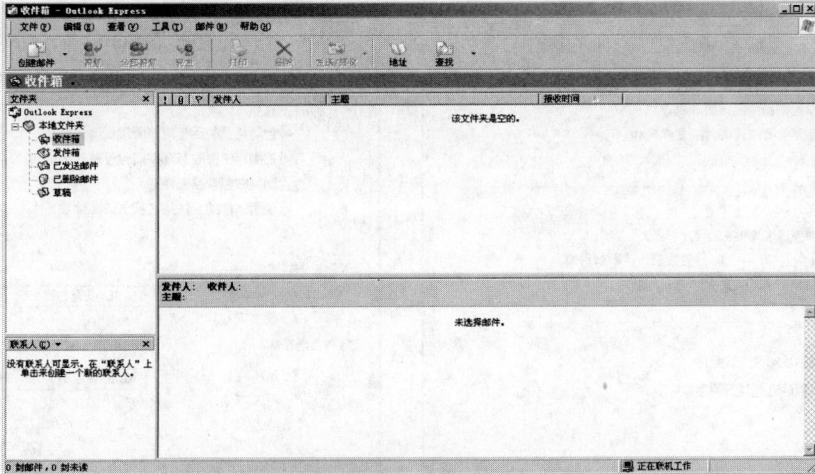

图 8.6　Outlook Express　窗口

（4）设置 Outlook Express 选项

对 Outlook Express 软件可以进行如下设置。

① 设置启动 Outlook Express 时，直接转到"收件箱"文件夹。

② 设置在启动时，发送和接收邮件。

③ 设置在"已发送邮件"文件夹中保留已发送邮件的副本。

④ 设置"回复时包含原邮件"。

⑤ 设置退出 Outlook Express 时，清空"已删除邮件"文件夹中的邮件。

选择"工具"|"选项"菜单命令，弹出"选项"对话框，如图 8.7（a）所示。在"选项"对话框中完成上述设置，如图 8.7（a）～图 8.7（c）所示。单击图 8.7（d）中的"确定"按钮，完成 Outlook Express 的选项设置。

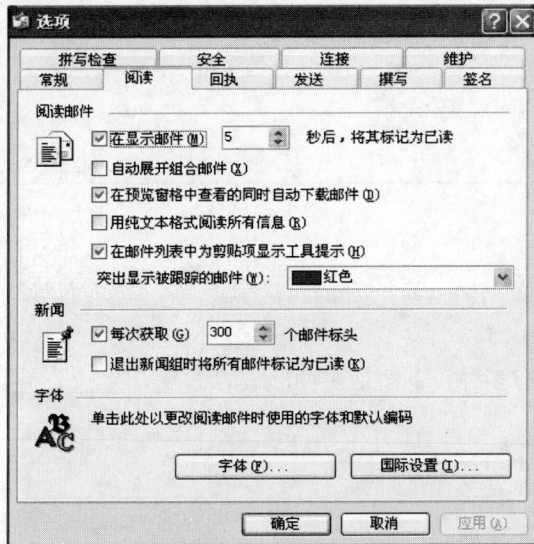

（a）

图 8-7　"选项"对话框

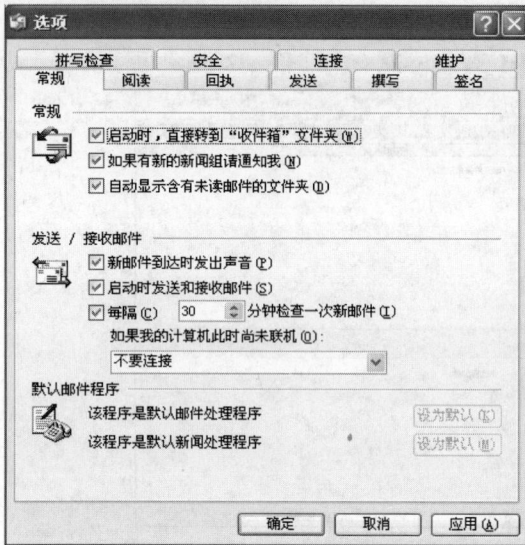

（b）

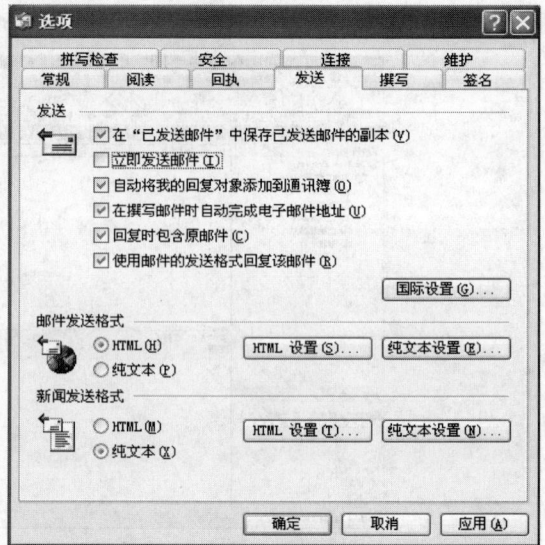

（c）

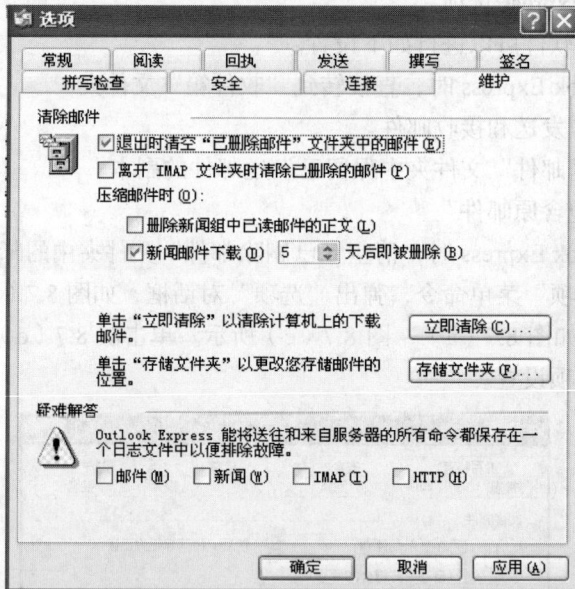

（d）

图 8-7 "选项"对话框（续）

（5）发送电子邮件

发送电子邮件的形式有多种，下面是多种形式的练习实验。

① 发送新邮件

假定收件人：zhangsan@126.com。

抄送：lisi@126.com。

邮件主题：实验发送新邮件。

邮件正文内容如下：

> 电子邮件（Electrinic Mail E-mail）是一种利用电子手段提供信息交换的通信方式，
> 是 Internet 所有信息服务中用户最多、接触面最广泛的一类服务。

在填好的新邮件窗口中，单击工具栏"发送"按钮。

② 发送带附件的新邮件

将 C 盘 Windows 文件夹中的一个文本作为附件插入到新电子邮件中，然后将邮件连同插入的文件发送给同组实验两侧的同学。

在"收件人"地址栏中填入收件人的 E-mail 地址。

在"主题"文本框填入邮件的主题，如：实验发送带插入文件的新邮件。

在正文框中输入邮件正文内容：

> 你好！
> 　　我正在实验室发送带插入文件的新邮件，请你接收后阅读该邮件，并双击插入文件图标，看是否能启动记事本应用程序，编辑插入文件的内容。

此时单击工具栏中"附件"按钮，系统弹出"插入文件"对话框，如图 8.8 所示。

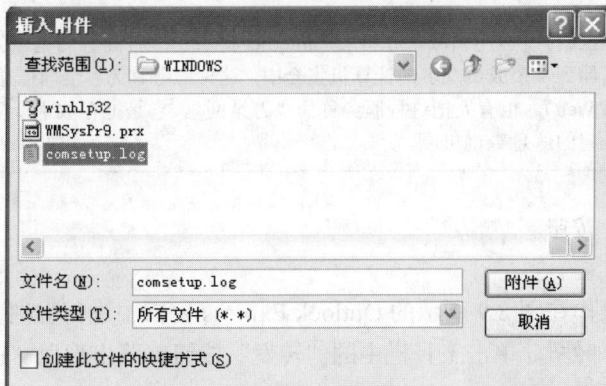

图 8.8　"插入附件"对话框

a. 在"查找范围"下拉列表框中选择 C 盘的"Windows"文件夹。

b. 在文件列表框中选择一文本文件。

c. 单击"附件"按钮，将选中的文件插入到新邮件中。

d. 此时，新邮件窗口中增加了附件文本框，如图 8.9 所示，附件文本框显示插入文件的图标。

剩余步骤同①发送新邮件的操作方法。

插入到电子邮件中的附加文件可以是一切有效的磁盘文件，如声音文件、图形文件、图像文件、动画文件等，从而实现多媒体信息的传输。若邮件格式为 HTML 格式，则邮件内容中，可以插入图片、超级链接。

将光标定位到超级链接插入位置，或选定需

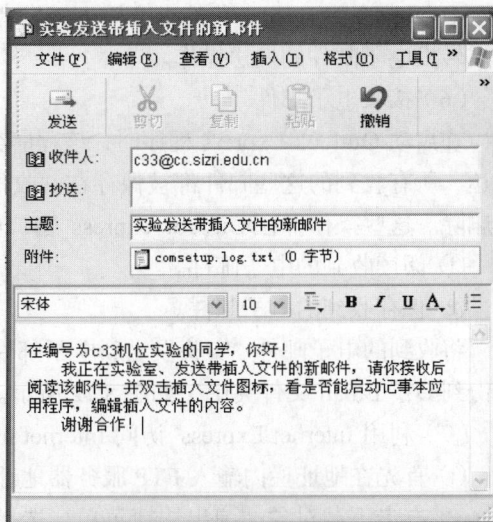

图 8.9　发送新邮件

要链接到 Web 页的文本，选择"插入"｜"超级链接"菜单命令，或单击格式栏中"创建超级链接"按钮，弹出如图 8.10 的对话框，在"类型"下拉框中选择超级链接类型；在 URL 文本框中输入超级链接的 URL 地址，单击"确定"按钮。

图 8.10　插入"超级链接"

③ 回复电子邮件

回复电子邮件的操作在图 8.9 所示 Outlook Express 窗口中进行。选择所要回复的电子邮件，如："实验发送新电子邮件"。单击工具栏的"答复"按钮屏幕出现以"Re"或"回复"为标题的窗口，与发送电子邮件的窗口相似。在邮件正文框"-----Original Message-----"的上方，输入如下内容：

> E-mail 是 Internet 传统应用领域。近年来，Internet 提供了一种高级浏览服务，从而把超文本的概念延伸到一个成员众多的计算机集合中，这种服务称为"全球信息网"（WWW —World Wide Web），也有人把这种服务称为"万维网"。它是把存放于众多计算机上的信息链接在一起的信息查询机制。

然后单击"发送"按钮。

④ 转发电子邮件

转发电子邮件的操作在图 8.9 所示的 Outlook Express 窗口中进行。选择所要转发的电子邮件，如："实验发送新电子邮件"。单击工具栏中的"转发"按钮屏幕出现以"Fw"或"转发"为标题的窗口，如图 8.11 所示。

在图 8.11 所示窗口的"收件人"文本框中，输入邮件转发对象的 E-mail 地址。在正文框"-----Original Message-----"的上方输入转发者的留言，如图 8.11 所示。按照发送新电子邮件步骤，完成转发电子邮件的发送操作。

（6）接收电子邮件

在启动 Outlook Express 程序时，该程序会自动连接到用户的邮箱服务器，查看是否有新邮件到达。所有收到的这些邮件都被保存在"收件箱"文件夹中，以供用户阅读、保存、打印、复印或删除。这些操作都在 Outlook express 窗口中进行。

① 阅读收到的电子邮件。

② 保存收到的电子邮件。

将收到的电子邮件"实验发送新电子邮件"以文件名"My-first-email.eml"（扩展名不要输入）备份到 D：\Email 文件夹中，如图 8.12 所示。

（7）利用 Internet Express 访问 Internet 的 FTP 服务

① 首先在地址栏内输入 FTP 服务器地址，连接 FTP 站点，在某一文件夹找到要下载的对象。

② 右击下载对象，弹出快捷菜单，选择"复制到文件夹"菜单项，弹出"浏览文件夹"对话框。

③ 在"浏览文件夹"对话框中，指定存放下载文件的文件夹，单击"确定"按钮，弹出"正在复制"对话框，显示下载进程。

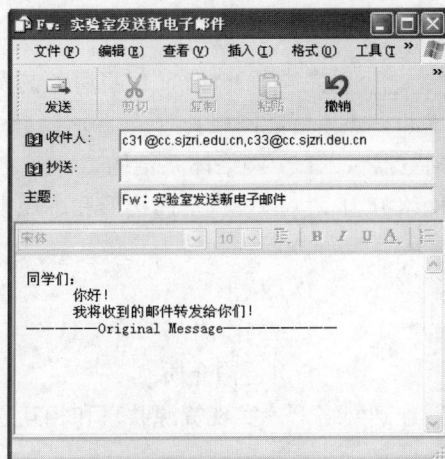

图 8.11　转发邮件窗口　　　　　　　　图 8.12　"邮件另存为"对话框

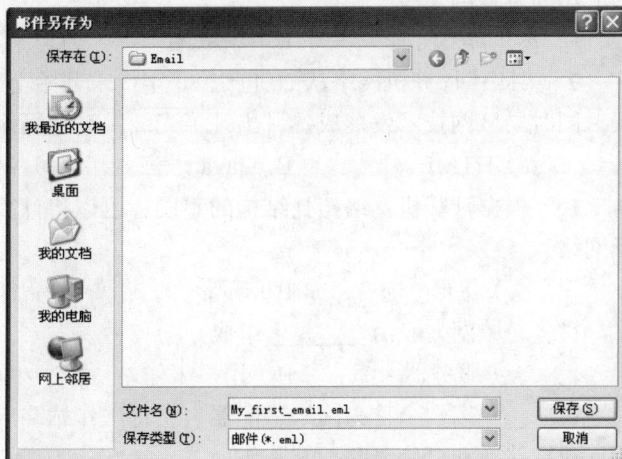

8.3　练　习　题

一、选择题

1. 根据地理覆盖范围的不同，计算机网络可以分为_____。
   A）局域网　　　　B）城域网　　　　C）广域网　　　　D）英特网

2. 网络的几种常见工作模式有_____。
   A）专用服务器模式　　　　　　B）客户机/服务器模式
   C）对等式网络　　　　　　　　D）单机模式

3. 通过使用_____技术，20 世纪 50 年代中后期，许多系统可以将地理上分散的多个终端通过通信线路连接到一台中心计算机上，这就是第一代计算机网络。典型的应用是由一台主计算机和全美范围内 2000 多个终端组成的全美航班订票系统。
   A）SMTP　　　　B）批处理　　　　C）分时　　　　D）域名系统

4. 在第二阶段的计算机网络中，报文处理机和它们之间互联的通信线路一起负责主机间的通信任务，构成_____。
   A）局域网　　　　B）资源子网　　　　C）通信子网　　　　D）英特网

5. 第二代计算机网络以_____为中心。该时期的计算机网络主要表现为以能够相互共享资源为目的互联起来的、具有独立功能的计算机的集合体。
   A）通信子网　　　　B）资源子网　　　　C）局域网　　　　D）英特网

6. 第三代计算机网络是具有统一的_____，并且遵循国际标准的开放式和标准化的网络。
   A）协议　　　　B）网关　　　　C）域名　　　　D）网络体系结构

7. _____在 1984 年颁布了开放系统互联参考模型，该模型将计算机网络分为物理层、数据链路层、网络层、传输层、会话层、表示层、应用层 7 个层次。

A）联合国 B）WTO C）WIPO D）国际标准化组织

8. 20 世纪 70 年代后，大规模集成电路出现，_____由于投资少、方便灵活而得到了广泛的应用和迅猛的发展。

A）局域网 B）城域网 C）广域网 D）英特网

9. 第四代计算机网络从 20 世纪 80 年代末开始至今，_____促进了 Internet 信息服务的发展，同时局域网技术发展成熟，出现了光纤及高速网络技术和多媒体智能网络。

A）HTML B）Java 语言 C）Web 浏览器 D）网络体系结构

10. 根据计算机网络拓扑结构的不同，可以将计算机网络分为_____、全连接形和不规则形网络。

A）星形 B）环形 C）总线形 D）树形

11. 局域网一般由_____组成。

A）服务器 B）用户工作站 C）网卡 D）传输介质

12. _____全称为网络适配器，它将工作站和服务器连到网络上，实现资源共享和相互通信、数据转换和电信号匹配等工作。

A）网卡 B）网关 C）路由器 D）集线器

13. Internet 也称国际互联网，国内媒体也称为_____。Internet 在字面上讲就是计算机网络的共享。通俗地说，全世界成千上万个计算机网络和计算机相互连接到一起，这一个全球的计算机网络集合体就是 Internet。

A）万维网 B）英特网 C）公众网 D）广域网

14. IP 地址提供统一的地址格式，IPV4 由_____个二进制位（bit）组成。由于二进制使用起来不方便，常用"点分十进制"方式来表示。

A）2 B）16 C）32 D）128

15. 域名（domain）是 Internet 上用于标识网络服务器位置的名字，由_____构成由句点"."符号分隔为若干部分。域名通过域名服务器（DNS）的接形服务转换为服务器的 IP 地址，以实现对服务器内容的真正连接和访问。域名是通过申请合法得到的。

A）字母 B）数字 C）下划线"_" D）连字符"-"

16. Internet 最早起源于 1969 年建成并投入使用的_____。

A）Internet B）ChinaNet C）APPAnet D）Yahoo

17. _____是计算机与电话线之间进行信号转换和传输的装置。

A）调制解调器 B）路由器 C）网关 D）网桥

18. _____是以 HTML 语言和 HTTP 协议为基础，能够提供具有一致的多媒体用户界面的 Inernet 信息浏览系统。

A）Internet B）WWW C）Email D）FTP

19. 如果想把喜欢的网页位置记录下来，以便以后再次方便的再次访问，可以通过浏览器的_____来实现。

A）网页缓存 B）资源管理器 C）收藏夹 D）地址栏

20. 电子邮件系统需要有相应的协议支持。在目前的电子邮件系统中，用于收信的是_____。

A）SMTP B）HTTP C）POP3 D）TCP/IP

二、问答题

1. 如果打开的 Web 页中没有你要访问的超链点，或者你已经知道所需要的网页地址，如何直接访问该页？

2. 在访问一个 WWW 站点时，为了提高访问速度，应该如何设置 Internet Explorer 浏览器？

3. 在 Internet Explorer 中如何查找和复制正文？

4. 如何在 Internet Explorer 中保存文件？

5. 什么是脱机浏览？

6. 什么是搜索引擎？

7. 如何对电子邮件进行分类？电子邮件复制与转移有何区别？

8. 如何利用 Outlook Express 建立通讯簿？

9. 简述电子邮件的意义和转发电子邮件、回复电子邮件的含义。

10. 当收到的电子邮件中包含有附加文件时，如何打开附加文件？

11. 为了实现接收和发送电子邮件服务，必须用哪些电子邮件服务器？

第9章
FrontPage 2003 网页设计

9.1 内 容 提 要

本章学习 FrontPage 的基本理论与网页设计过程以及掌握框架的应用。在 FrontPage 中掌握新网页的创建方法，熟悉网页编辑模式下的 4 种视图，掌握文本录入与表格的功能，掌握图片的插入与编辑，掌握超链接功能，掌握页面属性，掌握表格的使用，了解字幕设置。

9.2 实 验 内 容

实验 23 网页制作

1. 实验目的
（1）掌握 FrontPage 2003 的启动方法与 FrontPage 2003 窗口的基本组成。
（2）掌握新网页的创建方法和网页的打开。
（3）熟悉网页编辑模式下的四种视图。
（4）掌握文本录入与表格的功能。
（5）掌握图片的插入与编辑。
（6）掌握超链接功能。
（7）掌握页面属性。
（8）掌握表格的使用。
（9）了解字幕设置。
（10）掌握框架的应用。

2. 实验内容
（1）FrontPage 2003 的启动
启动 FrontPage 2003 的方法与 Word、Excel 的启动方法类似。
启动后界面如图 9.1 所示。

（2）新网页的创建

① 按照默认方式

a．启动 FrontPage 时，系统按照默认方式在 FrontPage 的主窗口区创建一个空白网页，命名为"new_page_1.htm"，详见图 9.1 所示。

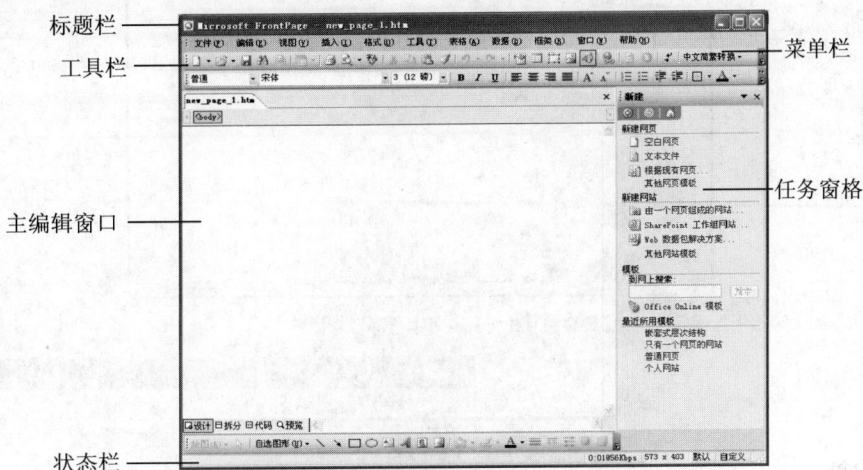

图 9.1　FrontPage 2003 应用程序窗口

b．保存文件，打开如图 9.2 对话框，选择保存位置(D:\FrontPage\Experiment)，输入文件名"index1.html"。

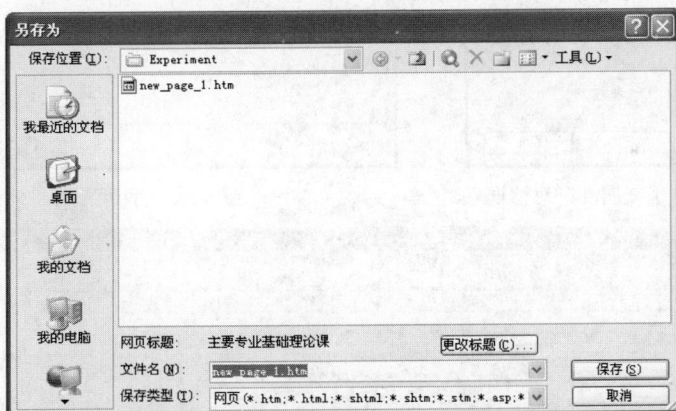

图 9.2　"另存为"对话框

c．在第一行输入"XX 的个人主页"，选中输入的文本，选择"格式"|"字体"菜单命令，设置字体为"宋体"，字号为"7（36 磅）"，效果如图 9.3 所示。

d．在"XX 的个人主页"后面，选择"插入"|"水平线"菜单命令，设置水平线属性如图 9.4 所示，颜色为"白色"。

e．在页面上单击鼠标右键，选择"网页属性"，在"网页属性"对话框中设置网页的背景颜色为水绿色，如图 9.5 所示。单击"常规"选项卡，设置"标题"为"XX 的个人主页"。

f．在水平线后面插入一个 7×2 的表格，单元格合并以及输入内容如图 9.6 所示（根据个人情况输入详细信息）。设置字体为"黑体"，"加粗"，字号为"3（12 磅）"。选择"插入"|"图片"|"剪贴画"菜单命令，插入一副剪贴画。

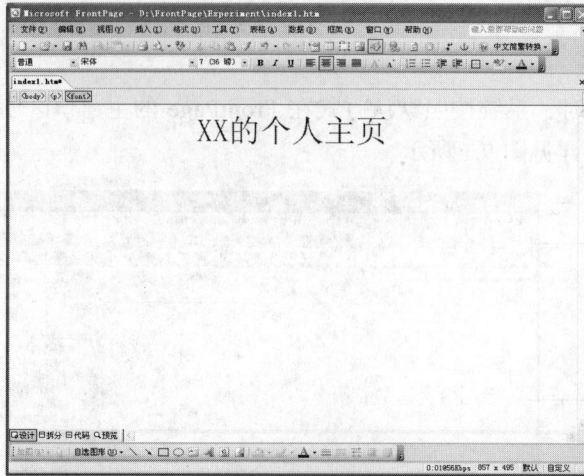

图 9.3　文本编辑效果

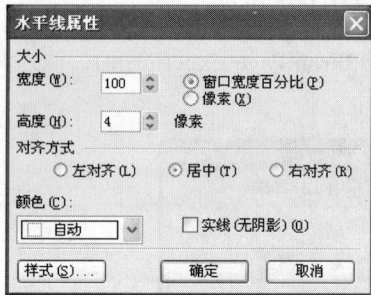

图 9.4　"水平线属性"对话框

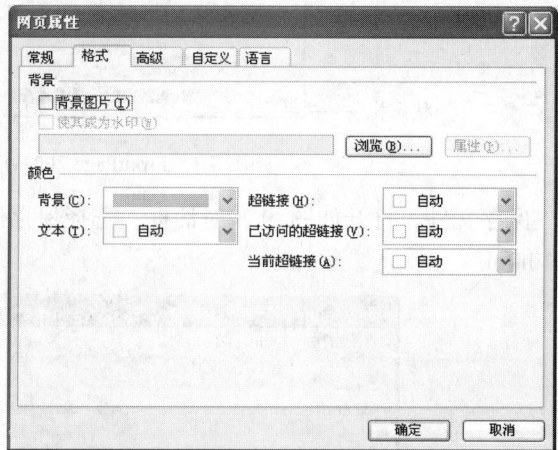

图 9.5　"网页属性"对话框

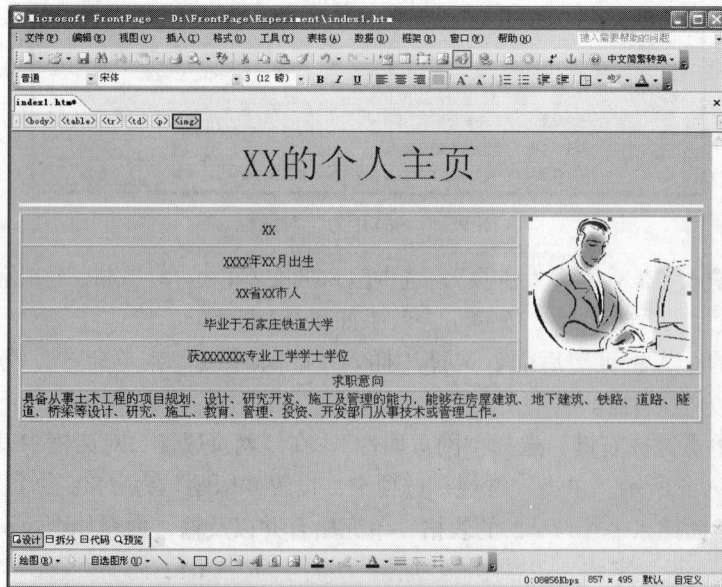

图 9.6　表格中输入的内容

② 将已存在的网页另存的方式

a. 选择"文件"|"打开"|"网页"菜单命令，打开"index1.htm"文件。

b. 将文本"XX 的个人主页"改为"个人简历"，然后输入以下内容：

XX 的个人简历：

XXXX 年—XXXX 年，就读于 XXXXXX 小学。

XXXX 年—XXXX 年，就读于 XXXXXX 中学。

XXXX 年 9 月，考入石家庄铁道大学 XXXXXX 专业。

XXXX 年 7 月，毕业。

c. 选中新输入的文本，设置字体为"宋体"，"5（18 磅）"，如图 9.7 所示。

d. 将文件另存为"jianli.htm"。

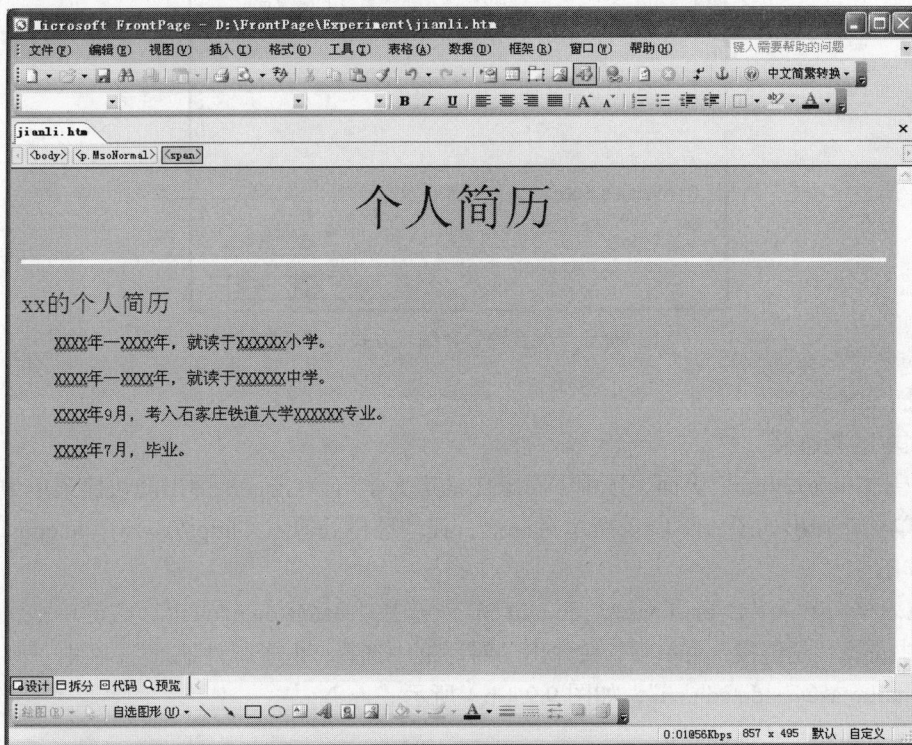

图 9.7　新创建的网页 jianli.htm

（3）网页内文本的编辑

① 文字的格式编辑

a. 打开 index1.htm 页面，在"普通"页面视图模式下，将网页中标题"XX 的个人网页"选中。

b. 选择"格式"|"字体"菜单命令，设置为：楷体、加粗、7（36 磅）号、紫色、闪烁效果。

c. 选择"格式"|"段落"菜单命令，将"XX 的个人网页"设置为：水平居中。

② 项目符号和编号列表

使用列表来组织网页中信息，可以使页面中的文本更加清晰，结构更合理。FrontPage 2003 支持 3 类列表样式，即编号列表、图片格式列表和无格式列表。下面以实例说明具体的设置方法。

a. 将"jianli.htm"网页"正文栏"中"个人简历"之下的 4 行文字选中。

b. 选择"格式"|"项目符号和编号"菜单命令，弹出对话框，如图9.8所示。

c. 选择"图片项目符号"选项卡，选择其中"指定图片"，单击"浏览"从计算机中选择一个图片，单击"确定"按钮。

d. 将正文栏内文字选中，段落设置为：左对齐、首行缩进0.75、段前、段后都为1.5倍行距。

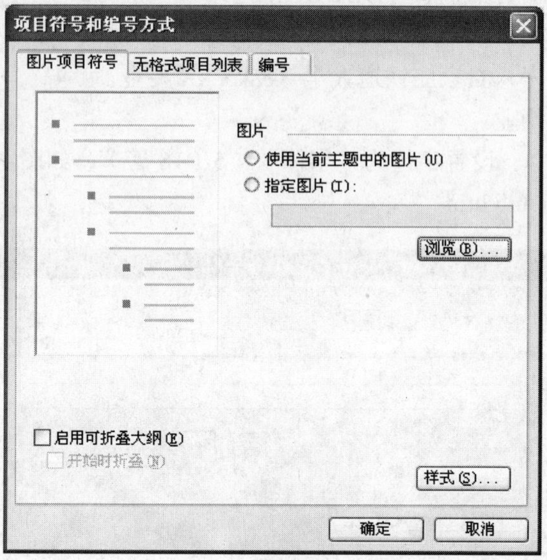

图9.8   "项目符号和编号方式"对话框

（4）插入超链接

① 文本的超链接

a. 打开"index2.htm"页面，选中"石家庄铁道大学"，右击，从弹出的快捷菜单中选择"超链接"菜单项，弹出如图 9.9（a）所示对话框，在地址栏处输入"http://www.stdu.edu.cn"。单击"确定"按钮。

b. 在表格后输入"E_mail:aaa@stdu.edu.cn"，选中"aaa@stdu.edu.cn"，右键单击，从弹出的快捷菜单中选择"超链接"菜单项，在弹出的对话框中选择"电子邮件地址"，在电子邮件地址栏处输入"mailto:aaa@stdu.edu.cn"，如图9.9（b）所示。

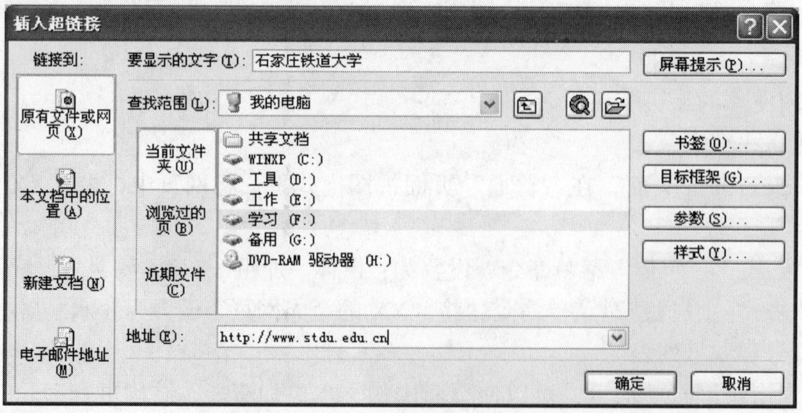

（a）

图9.9   "插入超链接"对话框

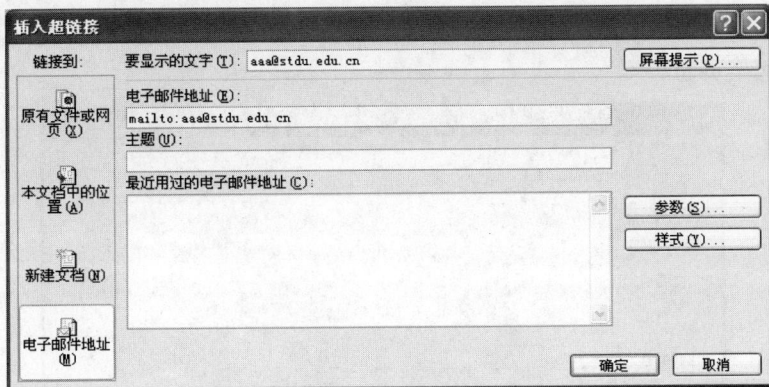

（b）

图 9.9　"插入超链接"对话框（续）

② 图片热点的超链接

打开"index1.htm"页面，选中图片，在图片工具栏中单击"长方形热点"，利用鼠标在图片上画出长方形，则自动弹出如图 9.10 所示对话框，在"查找范围"中找到"jianli.htm"，单击"确定"按钮。

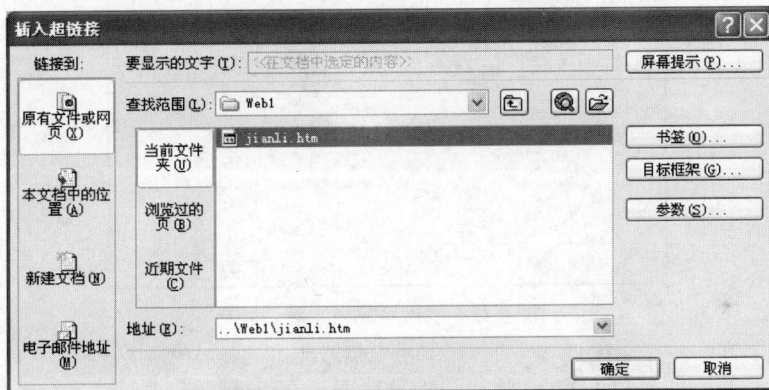

图 9.10　热点超链接

（5）网页的保存

在编辑网页的过程中，需要经常保存网页，以避免突然事件发生时丢失未保存的信息。以保存 new_page_1.htm 为例，操作方法如下：

切换到 new_page_1.htm 窗口。选择"文件"|"保存"菜单命令，弹出"另存为"对话框，如图 9.11 所示，选择保存位置（D:\FrontPage\Experiment），输入文件名"index.htm"，单击"保存"按钮，保存网页。

（6）预览网页

选择"文件"|"在浏览器中预览"菜单命令，可以在 Internet Explorer 中看到所设计的网页发布后的外观。

（7）框架的使用

① 创建框架网页。

下面介绍创建一个框架网页的方法。

选择"文件"|"新建"|"网页"菜单命令，在弹出的"网页模板"对话框中单击"框架网页"

选项卡，如图 9.12 所示。选择"横幅和目录"图标，单击"确定"按钮，在网页编辑区出现如图 9.13 所示的框架页面。

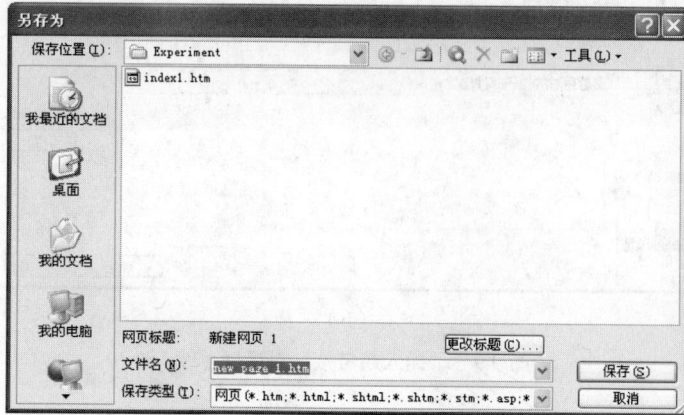

图 9.11　"另存为"对话框

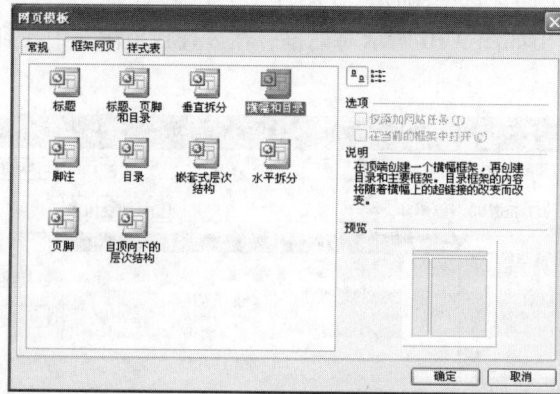

图 9.12　"网页模板"对话框

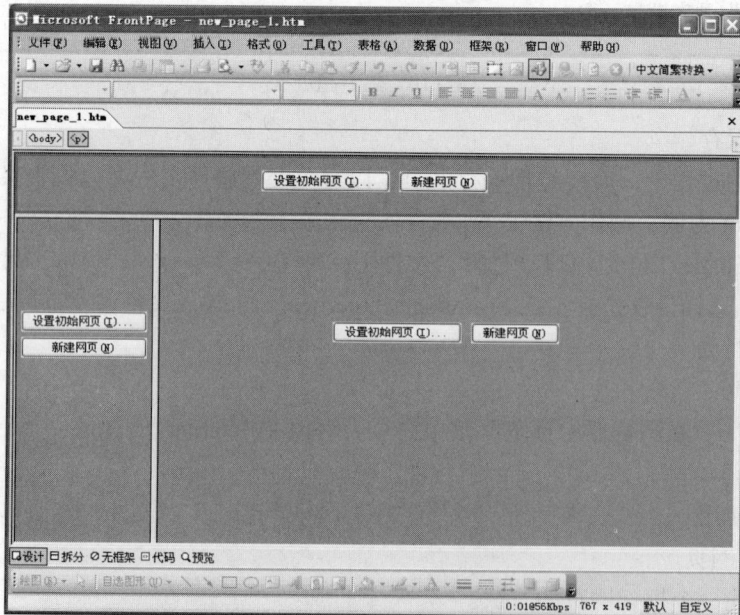

图 9.13　"横幅和目录"框架

② 框架中没有添加任何网页时，除了可以在其中新建空白网页外，还可以使用一个已有的网页作为初始网页。

a. 在框架中新建空白网页。单击框架网页内的"新建网页"按钮，在该框架内创建一个空白网页，如图 9.14 所示。

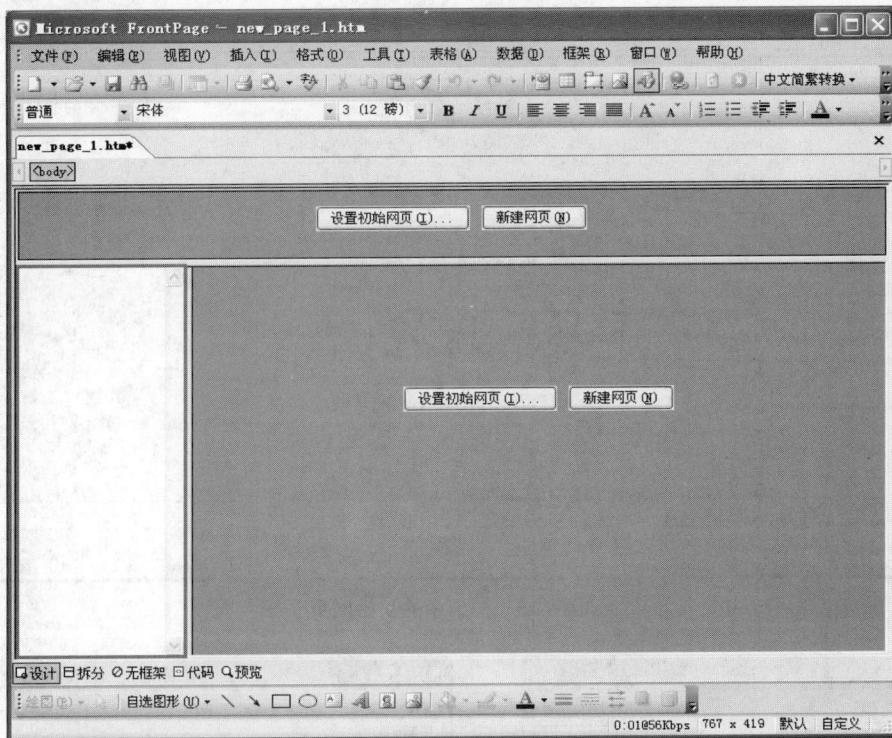

图 9.14　新建空白网页

b. 使用已有的网页作为初始网页。将上一个实验中的网页"index.htm"打开，将其顶部的大标题去掉以后保存为"zhuye.htm"。将网页"jianli.htm"打开，去掉其顶部的大标题后按照原名保存。

单击框架内的"设置初始网页"按钮，在弹出的"插入超链接"对话框中选择相应的网页。

例如，顶部框架中的网页和左边框架中的网页均为新建的空白网页，右边框架中的初始网页设置为"zhuye.htm"。根据页面的大小，移动各框架边框到合适的位置，如图 9.15 所示。

③ 设置框架属性。

设置顶部网页的框架属性。将光标定位在顶部网页中，右击，弹出快捷菜单并选择"框架属性"菜单项，弹出"框架属性"对话框，如图 9.16 所示。在该对话框中设置该框架的初始网页名称为"top.htm"，设置初始网页标题为"XX 的个人网站"。在该对话框中单击"框架网页"按钮，弹出"网页属性"对话框，如图 9.17 所示。单击"框架"选项卡，将"框架"中的"显示边框"项取消，这样在浏览时就不会看到框架的边框。

以同样的方法将左边框架中的网页名称设置为"left.htm"。

④ 编辑网页的特殊效果。

a. 在"top.htm"网页中输入文本"XX 的个人网站"和水平线，并依据上一实验的方法设置其属性。

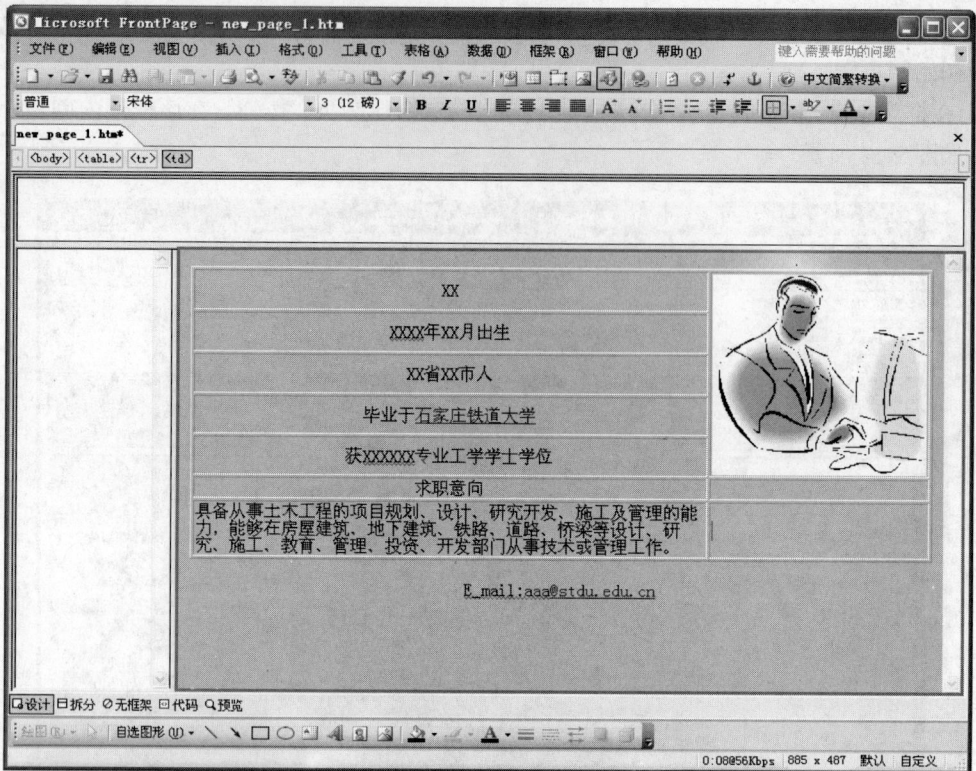

图 9.15　框架中的初始网页

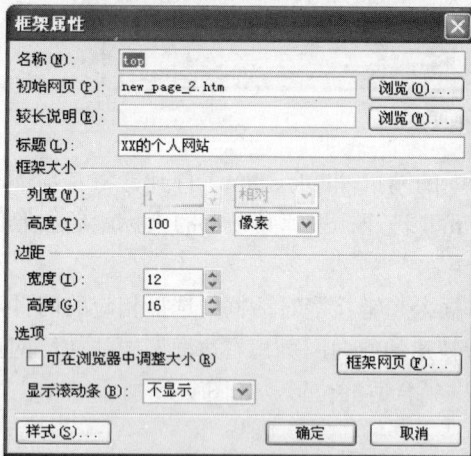

图 9.16　"框架属性"对话框

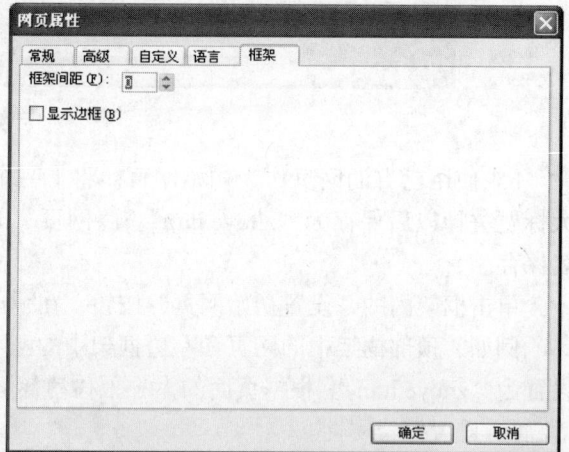

图 9.17　取消框架边框对话框

在水平线下面插入滚动字幕。

* 鼠标光标定位在顶部框架中需要插入字幕的位置。

* 选择"插入" | "Web 组件"菜单命令，在弹出的"插入 Web 组件"对话框中选择"组件类型"中的"动态效果"，在右边一栏中选择"字幕"，打开"字幕属性"对话框，如图 9.18 所示。

* 在"文本"栏中输入"欢迎访问!"，设置移动方向、移动速度、表现方式、字幕大小、重复次数、背景色等。

b. 在"left.htm"网页中插入 4 个交互式按钮。

- 鼠标光标定位在左边框架中的"left.htm"网页，选择"插入"|"交互式按钮"菜单命令，弹出"交互式按钮"对话框，如图 9.19 所示。

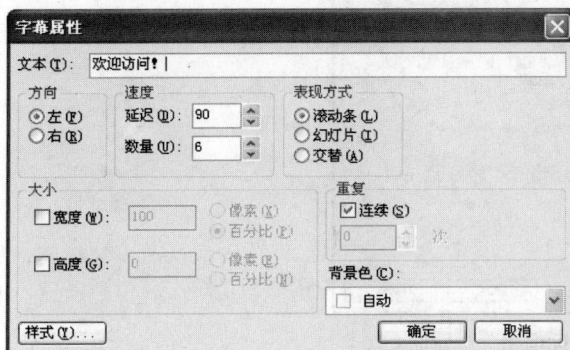

图 9.18　"字幕属性"对话框　　　　　　　　图 9.19　"交互式按钮"对话框

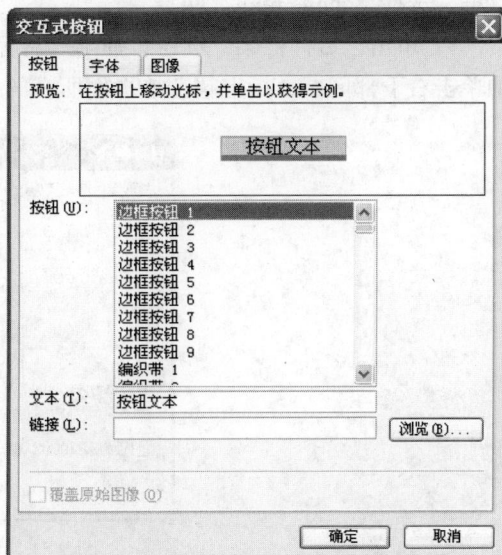

- 在"按钮"选项卡中选择"柔和胶囊 4"，在"文本"栏中输入"主页"。在"字体"选项卡、"图像"选项卡中设置其效果。
- 以同样的方法插入"个人简历"、"专业学习"、"爱好与特长"按钮并设置其效果。网页最终效果如图 9.20 所示。

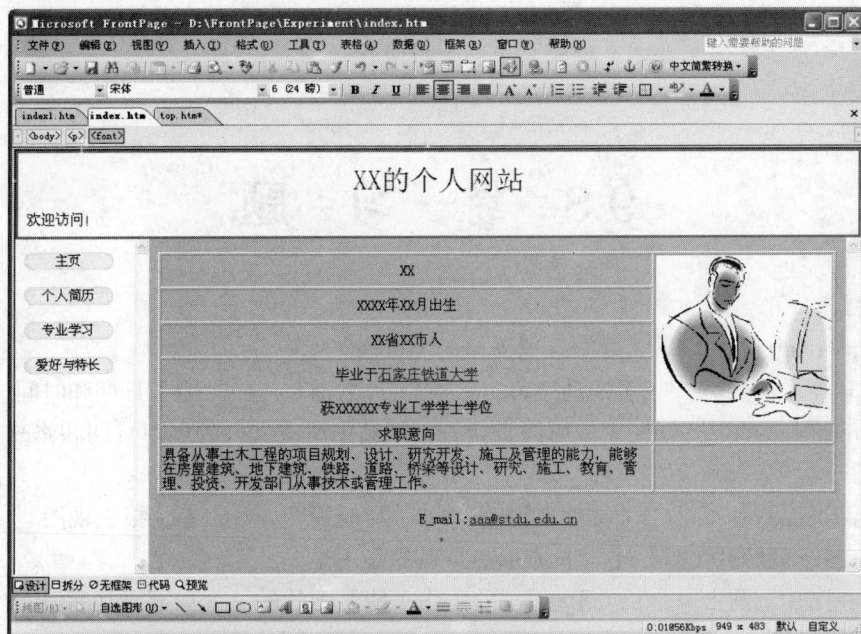

图 9.20　最终效果

⑤ 设置框架中网页之间的超链接。

a. 在左边框架中设置"主页"按钮的超链接，操作步骤如下。

• 右击"主页"按钮，从弹出的快捷菜单中选择"超链接"菜单项，弹出"编辑超链接"对话框，选择"zhuye.html"网页。

• 单击"目标框架"按钮，弹出"目标框架"对话框，如图 9.21 所示。在"当前框架网页"中单击右下部区域，指定超链接页面所在的框架，然后单击"确定"按钮。

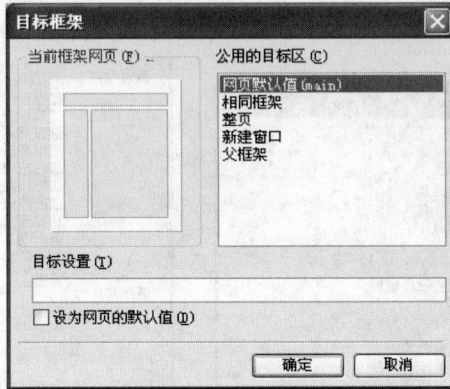

图 9.21 "目标框架"对话框

b. 以同样的方法分别将按钮"个人简历"连接到"jianli.htm"。如果框架中还有未保存的网页，程序会先保存这些网页，再保存框架网页。

⑥ 保存框架网页。

单击"保存"按钮将含有框架的网页保存为"index.htm"。如果框架中还有未保存的网页，程序会先保存这些网页，再保存框架网页。

注意 删除框架网页并不会删除其中包含的网页。

9.3 练 习 题

一、选择题

1. 在 FrontPage 中，以下需要服务器支持的 Web 组件是_____。

    A）悬停按钮   B）滚动字幕   C）计数器   D）日期和时间

2. 在 FrontPage 的下列视图中，可以直接查看网站中所有文件的创建日期和修改日期的视图是_____。

    A）网页视图   B）文件夹视图   C）导航视图   D）报表视图

3. FrontPage 的图片工具栏中"长方形热点"的作用是_____。

    A）在图片上画出一个长方形   B）能给图片的一个局部添加超链接

    C）能突出显示图片的一个区域   D）能复制图片的一个区域

4. 在 FrontPage 中，当设置鼠标悬停时，可以对一个图片设置的动态 HTML 效果是_____。

    A）改变图片形状   B）改变图片   C）弹出图片   D）交换图片

5. 在 FrontPage 2003 视图栏中，可以创建、编辑和预览网页的是_____。

A）网页视图　　　　B）报表视图　　　　C）导航视图　　　　D）超链接视图

6. 在 FrontPage 2003 中，显示站点内容的组织结构的视图是_____。

A）文件夹视图　　　B）报表视图　　　　C）导航视图　　　　D）超链接视图

7. 在 FrontPage 2003 中，可处理的图像格式有很多，但在浏览器中能直接观察到的图像格式是_____。

A）GIF 和 EPS　　　　　　　　B）JPEG 和 WMF

C）GIF 和 JPEG　　　　　　　D）EPS 和 WMF

8. 在 FrontPage 2003 中，_____中有书签命令。

A）表格菜单　　　　B）帮助菜单　　　　C）插入菜单　　　　D）视图菜单

9. 在 FrontPage 2003 中，发布站点命令在_____。

A）表格菜单　　　　B）文件菜单　　　　C）插入菜单　　　　D）视图菜单

10. 下面_____不能在 FrontPage 2003 刚打开界面中直接看到。

A）菜单栏　　　　　B）常用工具栏　　　　C）视图栏　　　　　D）图片工具栏

11. 在 FrontPage 2003 中，当对编辑好的网页进行浏览时，首先应该做的工作是_____。

A）复制　　　　　　B）粘贴　　　　　　C）保存　　　　　　D）撤销

二、问答题

1. FrontPage 2003 应用程序窗口由哪几部分组成？各自的功能是什么？

2. 在 FrontPage 2003 中创建新网页有几种方法？各有什么特点？

3. 如何在浏览器中预览网页？浏览器如何设置？

4. 如何保存网页？在保存网页时要注意哪些问题？

5. 如何插入表格？表格在网页中有哪些作用？

6. 如何在表格中插入图片？应该注意哪些问题？

7. 如何设置图片的属性？如何在图片中添加文本？

8. 什么是超链接？有何特点？

9. 如何创建图片超链接？如何修正、检验和删除超链接？

10. 如何在图片上添加热点？图片超链接与文本超链接有何相同和不同之处？

第 10 章
信息的检索与利用

10.1 内 容 提 要

本章介绍信息检索的原理和一般步骤，列举了信息检索的几种方法及常用的检索工具和搜索引擎，并以 Google 搜索引擎为例详细阐述了其使用方法及技巧。着重描述了超星数字图书馆的使用流程以及网络环境下信息资源的开发与利用。

10.2 实 验 内 容

实验 24 信息检索

1. 实验目的

（1）掌握 Google 搜索引擎的基本使用方法。

（2）掌握在"Internet Explorer"浏览器中收藏夹的添加。

（3）掌握利用中国期刊全文数据库检索文献。

2. 实验内容

（1）在 Internet 上使用搜索引擎来获取信息

> 在开始本实验之前，应先将计算机接入 Internet 网络。

① 在桌面上，双击"Internet Explorer"浏览器图标，打开浏览器窗口，在"地址栏"中输入"www.google.com"，回车，出现如图 10.1 所示的窗口。

② 在"Internet Explorer"浏览器窗口中选择"收藏/添加到收藏夹"菜单命令，在出现的如图 10.2 所示的"添加到收藏夹"对话框中，在"名称"中使用默认值"Google"，在"创建到"中选择"链接"文件夹，然后单击"确定"按钮，将其添加到收藏夹，以方便以后使用。

图 10.1　Google 的搜索界面

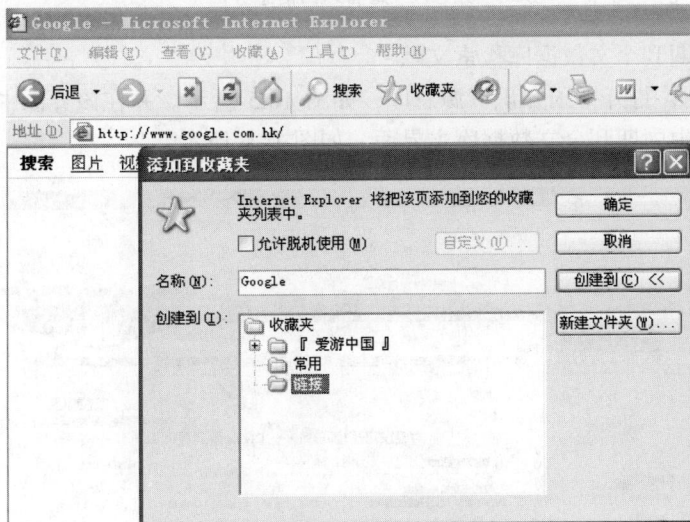

图 10.2　添加到收藏夹界面

③ 在浏览窗口的 "google 检索框" 中输入 "计算机历史"，如图 10.3 所示，然后单击 "Google 搜索" 按钮。

图 10.3　Google 输入搜索信息界面

④ 查看返回的信息，然后在浏览器窗口左上侧的"Google 检索框"中添加"-概论"，如图 10.4 所示，并单击"Google 搜索"按钮，再次查看返回的信息，比较前后两次搜索到的信息的内容和数量的不同。

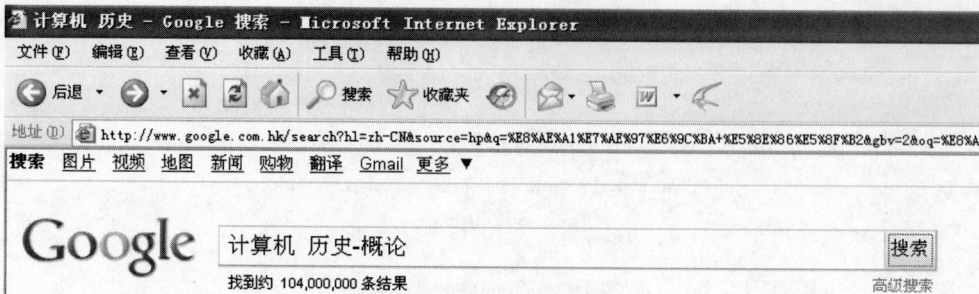

图 10.4 查看返回信息界面

（2）利用中国期刊全文数据库检索文献

① 应用校园网，打开中国知识资源总库，如图 10.5 所示。并在该界面中选择中国期刊全文数据库，打开进入中国期刊全文数据库主界面，如图 10.6 所示。

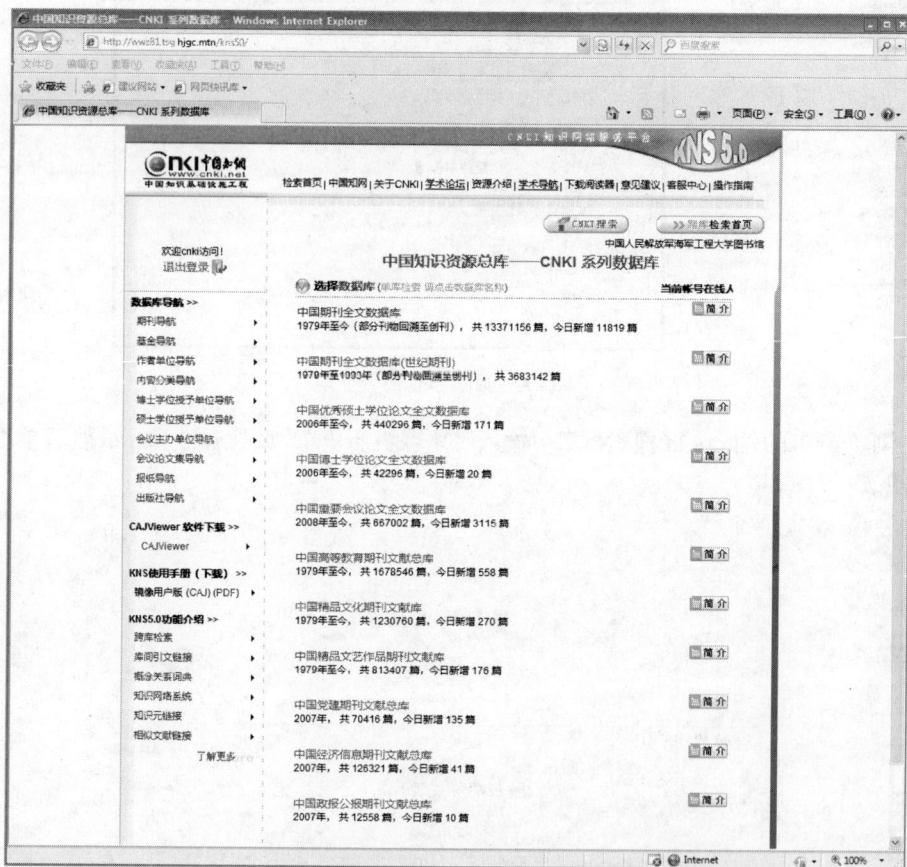

图 10.5 中国知识资源总库主界面

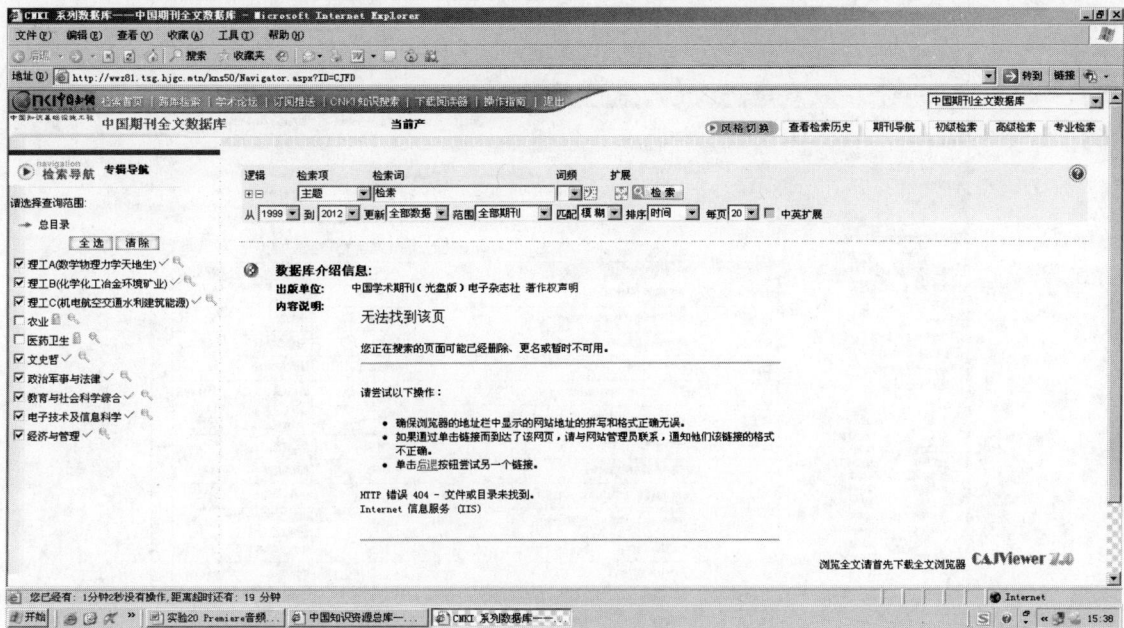

图 10.6　中国期刊全文数据库主界面

② 在检索导航中选择查询范围，并根据需要选择具体限制，如图 10.7 所示。

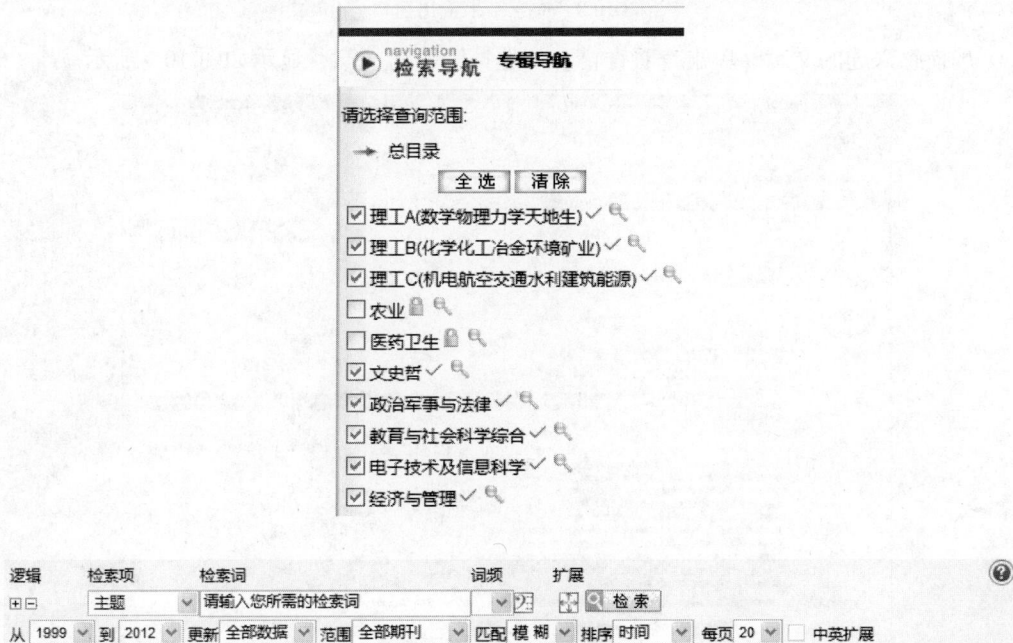

图 10.7　检索导航窗口

③ 条件输入后单击"检索"按钮。如在检索词中输入"检索"一词，检索结果如图 10.8 所示。

图 10.8　检索结果输出窗口

④ 选择感兴趣的文献，单击查看详情。如选择第一篇文章，显示如图 10.9 所示。

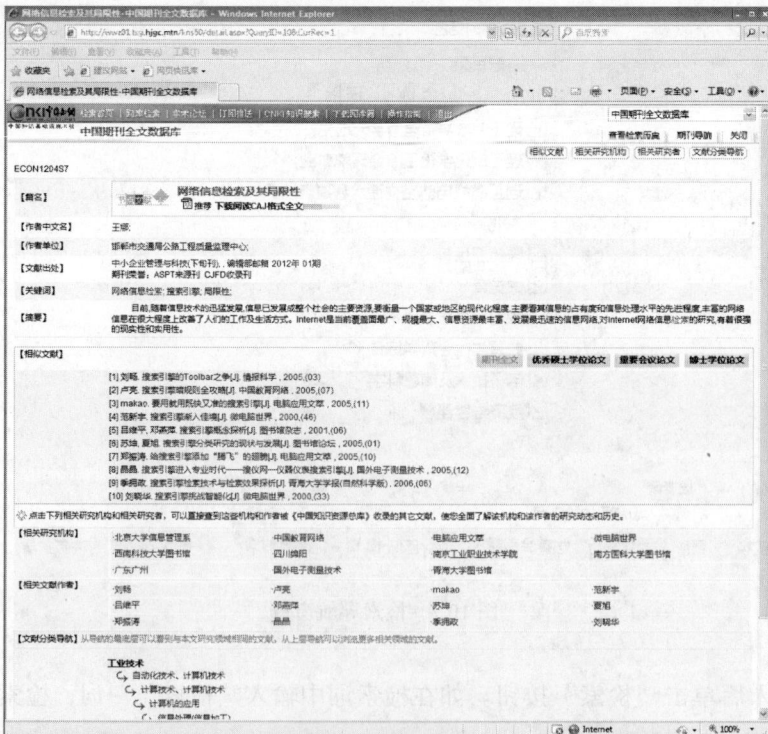

图 10.9　文献下载窗口

⑤ 查看文献详情，如文献符合要求可单击下载，按提示进行保存，如图 10.10 所示。

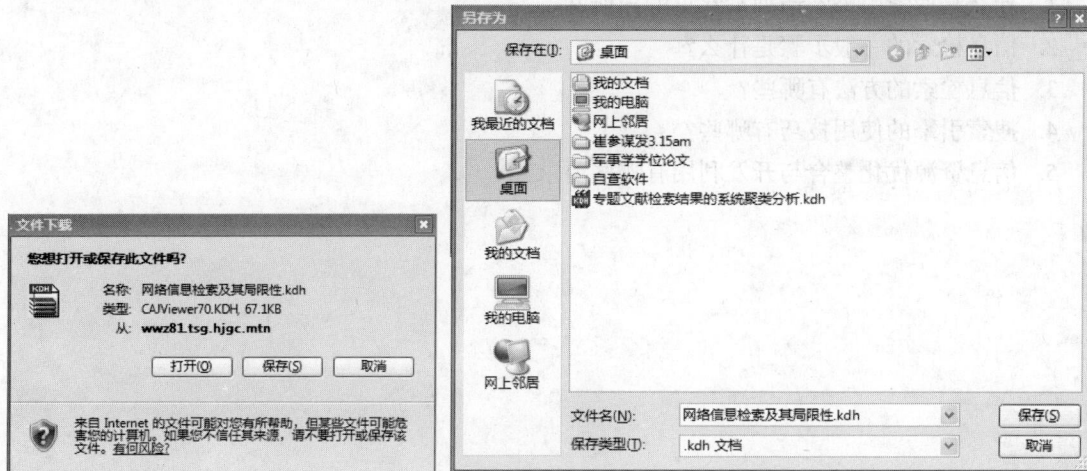

图 10.10　下载提示窗口

10.3　练　习　题

一、单项选择题

1. 布尔逻辑检索包括_____。
   A）逻辑"与"和逻辑"异或"
   B）逻辑"与"和逻辑"或"
   C）逻辑"＋"和逻辑"－"
   D）逻辑"与"、逻辑"或"和逻辑"非"

2. 利用选定的检索工具由近及远地逐年查找，直到查到所需文献为止的检索方法是_____。
   A）倒查法　　　　　B）顺查法　　　　　C）追溯法　　　　　D）抽查法

3. 对于要搜索的某个目标关键词字段不是很确定，可以使用一个_____号来代替。
   A）#　　　　　　　B）*　　　　　　　C）?　　　　　　　D）&

4. 在 Goodle 搜索中用_____排除不想要的搜索词。
   A）" "　　　　　　B）-　　　　　　　C）\　　　　　　　D）' '

5. 下列数据库中不属于电子期刊全文数据库的是_____。
   A）SDOS　　　　　B）ProQuest　　　　C）CNKI　　　　　D）CSA

6. 在计算机文献检索中，根据课题查全或查准的需要，应首选_____检索，提高检索效率。
   A）自由词　　　　　B）关键词　　　　　C）主题词　　　　　D）分类号

7. 按照国际上通用的分类方法，下列哪个数据库属于源数据库？_____
   A）二次文献数据库　　　　　　　B）期刊全文数据库
   C）机构名录数据库　　　　　　　D）图书馆书目信息数据库

8. 当需要查找最新文献信息时，应尽可能采用_____进行检索。
   A）全文数据库　　　B）网络数据库　　　C）光盘数据库　　　D）事实数据库

二、问答题

1. 什么是搜索引擎？请列举常见的导航站点。
2. 信息检索的一般步骤是什么？
3. 信息检索的方法有哪些？
4. 搜索引擎的使用技巧有哪些？
5. 信息资源优化整合与开发利用有哪些要求？

第 **11** 章
信息安全与管理

11.1 内 容 提 要

在了解计算机信息安全概念的基础上，了解计算机病毒的概念及防护，了解和掌握计算机的日常使用和维护方法，学会使用常用的计算机病毒防治软件和数据恢复软件。

11.2 实 验 内 容

实验 25 文件恢复

1. 实验目的

理解磁盘数据恢复的原理

认识数据恢复技术对信息安全的影响

能够使用数据恢复软件 EasyRecovery 进行文件恢复

2. 实验内容

（1）文件删除原理

存储在计算机硬盘中的每个文件都可分为两部分：文件头和存储数据的数据区。文件头用来记录文件名、文件属性、占用簇号等信息，文件头保存在一个簇并映射在 FAT 表（文件分配表）中。而真实的数据则是保存在数据区当中的。平常所做的删除，其实是修改文件头的前 2 个代码，这种修改映射在 FAT 表中，就为文件做了删除标记，并将文件所占簇号在 FAT 表中的登记项清零，表示释放空间，这也就是平常删除文件后，硬盘空间增大的原因。而真正的文件内容仍保存在数据区中，并未删除。要等到以后的数据写入，把此数据区覆盖掉，才会彻底把原来的数据删除。如果不被后来保存的数据覆盖，它就不会从磁盘上抹掉。用 Fdisk 分区和 Format 格式化和文件的删除类似，前者只是改变了分区表，后者只是修改了 FAT 表，都没有将数据从数据区直接删除。

某一分区被误格式化或文件丢失或误删除的恢复对于 FAT 格式的文件结构来说，其操作仅仅是把文件的首字节改为 E5H，其余的内容并没有被修改，因此可以比较容易恢复。可以使用后面介绍的数据恢复软件轻松地把误删除或意外丢失的文件找回来。

不过需要特别注意的是，在发现文件丢失后，准备使用恢复软件时，千万不要在本机安装这些恢复工具，因为软件的安装可能恰恰把刚才丢失的文件覆盖掉。最好使用能够从光盘直接运行的数据恢复软件，或者把硬盘挂在别的机器上进行恢复。特别是你的文件存储在 C 盘的情况下，如果你发现主要文件被你误删除或意外丢失时，这时你应该马上直接关闭电源，光盘启动进行恢复或把硬盘挂接到其他机器上进行处理。

（2）数据恢复范围

数据恢复范围主要包括以下几个方面：

① 误操作类：误删除、误格式化、误分区、误克隆等；

② 破坏类：病毒分区表破坏、病毒 FAT、BOOT 区破坏、病毒引起的部分 DATA 区破坏；

③ 软件破坏类：Format、Fdisk、IBM-DM、PartitionMagic、Ghost 等；

④ 硬件故障类：0 磁道损坏、硬盘逻辑锁、操作时断电、硬盘芯片烧毁、无法读盘。

（3）实验步骤

① 启动 EasyRecovery Professional 进入软件主界面，选择数据修复项，出现如图 11.1 所示的界面。

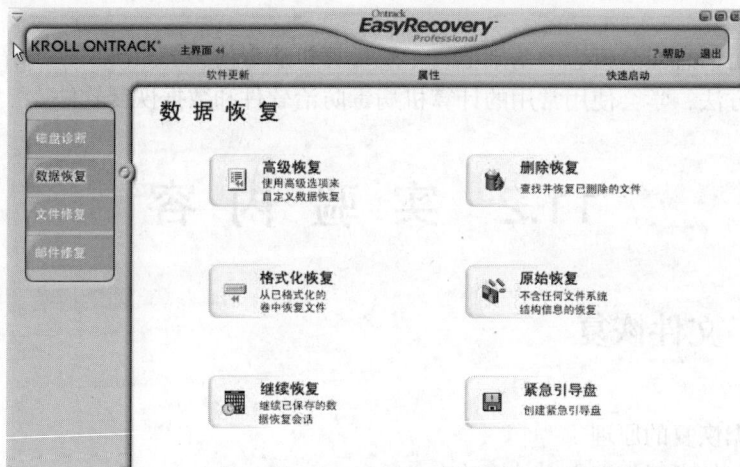

图 11.1　EasyRecovery Professional 主界面

② 单击左边"数据恢复"，并单击"删除恢复"，并选择要恢复的分区，如图 11.2 所示。

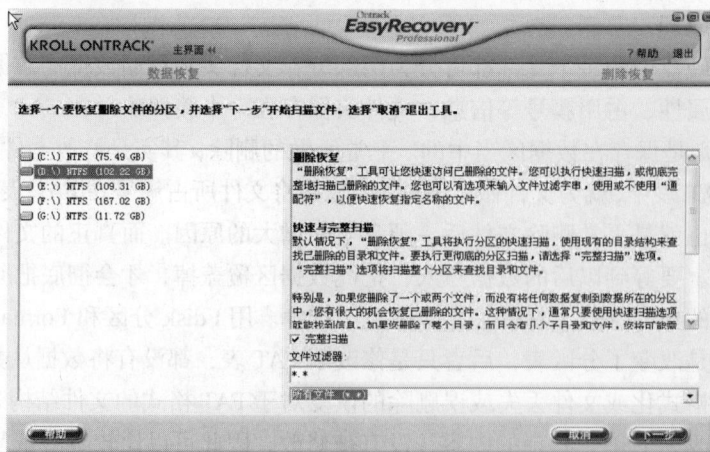

图 11.2　选择恢复分区

③ 选择你想要恢复的文件所在分区进行扫描,也可以在文件过滤器下直接输入文件名或通配符来快速找到某个或某类文件。如果要对分区执行更彻底的扫描可以勾选"完全扫描"选项,如图 11.3 所示。

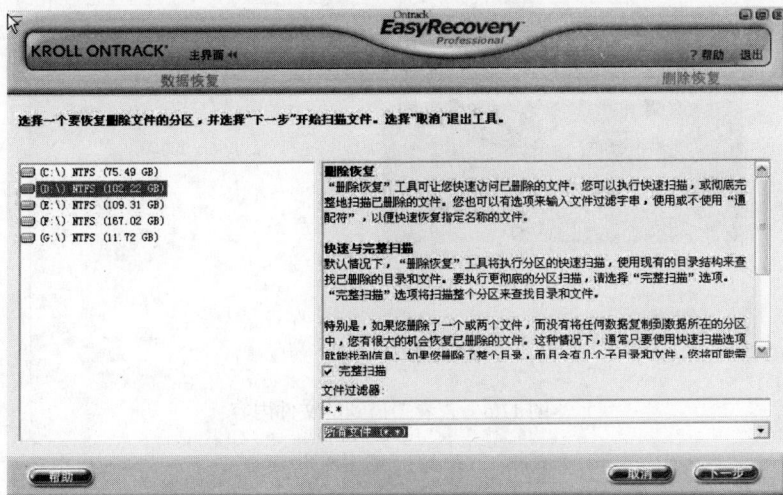

图 11.3　选择恢复分区

④ 扫描之后,你曾经删除的文件及文件夹会全部呈现出来,现在需要的就是耐心地寻找、勾选,因为文件夹的名称和文件的位置会发生一些变化,如图 11.4 所示。

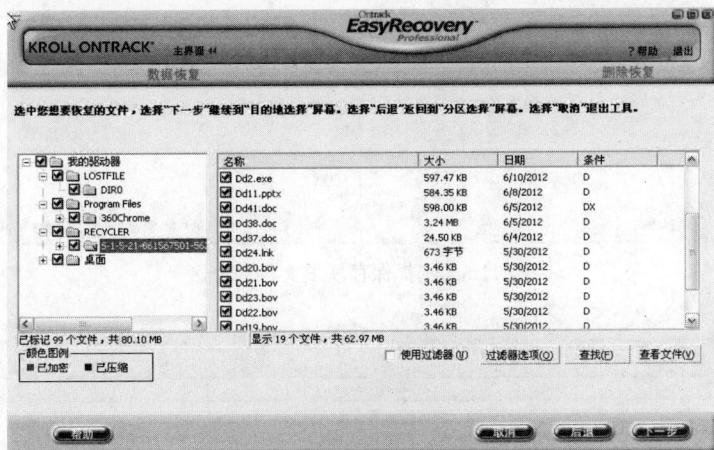

图 11.4　选择扫描出的文件

⑤ 如果不能确认文件是否为需要恢复的话,可以通过查看文件命令来查看文件内容(这样会很方便地知道该文件是否是自己需要恢复的文件),如图 11.5 所示。

⑥ 选择好要恢复的文件后,它会提示你选择一个用以保存恢复文件的逻辑驱动器,此时应存放在其他分区上,也可以存放在移动硬盘上,如图 11.6 所示,这一点在误格式化某个分区时尤为重要。

⑦ 单击"下一步"按钮进行扫描后,会出现恢复摘要,如图 11.7 所示。

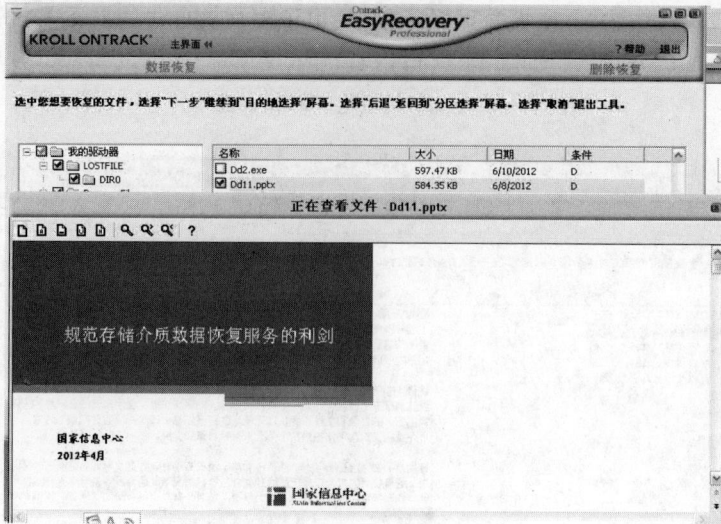

图 11.5　查看扫描到的文件内容

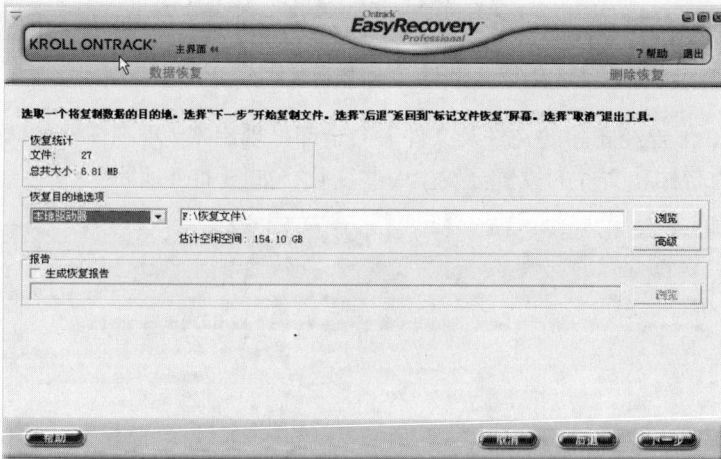

图 11.6　选择保存恢复文件的分区

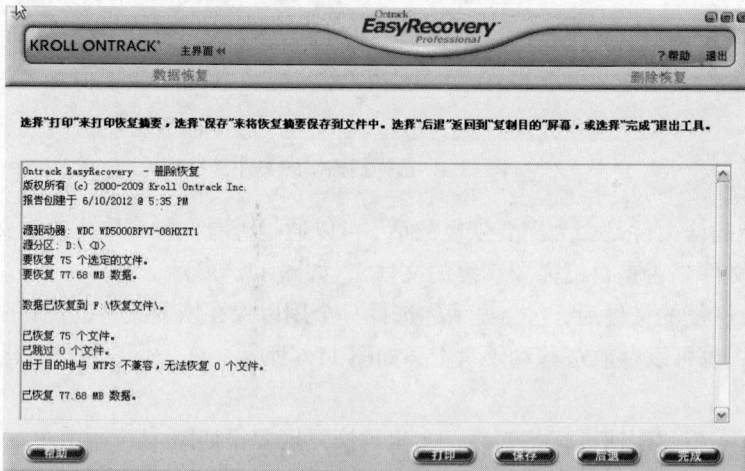

图 11.7　恢复摘要

⑧ 当恢复完成后要退出时，它会跳出保存恢复状态的对话框，如果进行保存，则可以在下次运行 EasyRecovery Professional 时通过执行 EasyRecovery Professional 命令继续以前的恢复，这一点在没有进行全部恢复工作时非常有用。

11.3 练 习 题

一、单项选择题

1. 计算机病毒可以使整个计算机瘫痪，危害极大，计算机病毒是_____。
   A）人为开发的程序 B）一种生物病毒 C）软件失误产生的程序 D）灰尘

2. 关于计算机病毒的传播途径，不正确的说法是_____。
   A）通过软盘的复制 　　　　　　　B）通过硬盘的复制
   C）通过软盘放在一起 　　　　　　D）通过网络传播

3. 发现计算机病毒后，比较彻底的清除方式是_____。
   A）用查病毒软件处理 　　　　　　B）删除磁盘文件
   C）用杀毒软件处理 　　　　　　　D）格式化磁盘

4. 计算机病毒的特点可以归纳为_____。
   A）破坏性、隐蔽性、传染性和可读性
   B）破坏性、隐蔽性、传染性和潜伏性
   C）破坏性、隐蔽性、潜伏性和先进性
   D）破坏性、隐蔽性、潜伏性和继承性

5. 为了预防计算机病毒应采取的最有效措施是_____。
   A）不同任何人交流 　　　　　　　B）绝不玩任何计算机游戏
   C）不用盗版软件和来历不明的磁盘 D）每天对磁盘进行格式化

6. 计算机病毒的主要危害是_____。
   A）损坏计算机硬盘 　　　　　　　B）破坏计算机显示器
   C）降低 CPU 主频 　　　　　　　　D）破坏计算机软件和数据

7. 目前使用的杀毒软件能够_____。
   A）检查计算机是否感染了某些病毒，如有感染，可以清除一些病毒
   B）检查计算机感染的各种病毒，并可以清除其中的一些病毒
   C）检查计算机是否感染了病毒，如有感染，可以清除所有病毒
   D）防止任何病毒再对计算机进行侵害

8. 随着网络使用的日益普及，_____成了病毒传播的主要途径之一。
   A）MSN 　　　　　　B）电子邮件 　　C）BBS 　　　　　　D）FTP

9. 防火墙一般用在_____。
   A）工作站和工作站之间 　　　　　B）服务器和服务器之间
   C）工作站和服务器之间 　　　　　D）网络和网络之间

10. 网络"黑客"是指_____的人。
    A）匿名上网 　　　　　　　　　　B）在网上私闯他人计算机
    C）不花钱上网 　　　　　　　　　D）总在夜晚上网

11. 下列方法中被认为是最有效的安全控制方法是_____。
    A）口令   B）用户权限设置
    C）限制对计算机的物理接触   D）数据加密

12. 计算机病毒在一定环境和条件下激活发作，该激活发作是指_____。
    A）程序复制   B）程序移动   C）病毒繁殖   D）程序运行

13. 下列有关计算机病毒的说法中，_____是错误的。
    A）游戏软件常常是计算机病毒的载体
    B）用消毒软件将一片软盘消毒之后，该软盘就没有病毒了
    C）尽量做到专机专用或安装正版软件，是预防计算机病毒的有效措施
    D）计算机病毒在某些条件下被激活之后，才开始起干扰和破坏作用

14. 我国将计算机软件的知识产权列入_____权保护范畴。
    A）专利   B）技术   C）合同   D）著作

15. 以下关于消除计算机病毒的说法中，正确的是_____。
    A）专门的消毒软件不总是有效的
    B）删除所有带毒文件能消除所有病毒
    C）对软盘上感染的病毒，格式化是最彻底的消毒方法之一
    D）要一劳永逸地使计算机不感染病毒，最好的方法是装上防病毒卡

16. 本地计算机被感染病毒的途径可能是_____。
    A）使用软盘   B）使用 U 盘
    C）机房电源不稳定   D）上网

17. "口令"是保证系统安全的一种简单而有效的方法，一个好的口令应当_____。
    A）只使用小写字母   B）混合使用字母和数字
    C）易于记忆   D）具有足够的长度

二、问答题

1. 信息安全面临的威胁主要有哪些？
2. 你认为信息技术工作人员应该建立怎样的职业道德规范？
3. 信息系统安全的主要防范措施是什么？
4. 计算机病毒的特征是什么？
5. 计算机犯罪的行为有哪些？
6. 如何进行计算机安全管理？
7. 如何恢复被删除数据？

参考文献

[1] 朱爱红，等. 电子军务信息技术. 北京：国防工业出版社，2007.

[2] 朱小冬，刘广宇. 信息化作战装备保障. 北京：国防工业出版社，2007.

[3] 王明俊，等. 装备信息技术概论. 北京：国防工业出版社，2010.

[4] 禚法宝，等. 新概念武器与信息化战争. 北京：国防工业出版社，2008.

[5] 吴丽华，陈明锐. 大学信息技术基础. 北京：人民邮电出版社，2008.

[6] 陈佛敏，陈建新. 计算机基础教程. 第 3 版. 成都：电子科技大学出版社，2008.

[7] 刘艺，蔡敏，李炳伟. 计算机科学概论. 北京：人民邮电出版社，2008.

[8] 陈建勋，杨有安. 计算机应用技术基础. 广州：中山大学出版社，2003.

[9] 鄂大伟，庄鸿棉. 信息技术基础. 北京：高等教育出版社，2003.

[10] 骆耀祖，叶丽珠. 信息技术概论. 北京：机械工业出版社，2011.9

[11] 宋金珂，孙壮，等. 计算机与信息技术应用基础. 北京：中国铁道出版社，2005.

[12] 杨柳. 大学计算机基础. 北京：电子工业出版社，2010.

[13] 袁方. 计算机导论（第 2 版）. 北京：清华大学出版社，2009.

[14] 鄂大伟，王兆明. 信息技术导论. 北京：高等教育出版社，2011.

[15] 谢希仁. 计算机网络（第 5 版）. 北京：电子工业出版社，2008.

[16] 杜煜，姚鸿. 计算机网络基础教程. 北京：人民邮电出版社，2008.

[17] 黄中砥，等. 组网技术与网络管理. 北京：清华大学出版社，2006.

[18] 卢湘鸿. Access 数据库与程序设计. 电子工业出版社，2008.

[19] 陈振，陈继锋. Access 数据库技术与应用. 北京：清华大学出版社，2011.

[20] 鄂大伟. 多媒体技术基础与应用（第 3 版）. 北京：高等教育出版社，2007.

[21] 李冬芸. Flash 动画实例教程. 北京：电子工业出版社，2010.

[22] 熊力. 3ds max 实例教程. 北京：清华大学出版社，2004.

[23] 徐天秀. 信息检索. 北京：科学出版社，2009.

[24] 张俊慧. 信息检索教程. 北京：科学出版社，2010.

[25] 朱静芳. 现代信息检索实用教程. 北京：清华大学出版社，2008.

[26] 谭建伟. 信息安全技术. 北京：高等教育出版社，2011.

[27] 谢冬青，冷健. 计算机网络安全技术教程. 北京：机械工业出版社，2007.